2016年

陕西省建筑行业专业技术人员
继续教育培训教程

陕西省建筑职工大学　组织编写
安书科　主编

U0197436

中国建筑工业出版社

图书在版编目（CIP）数据

2016年陕西省建筑行业专业技术人员继续教育
培训教程/陕西省建筑职工大学组织编写 . —北京：
中国建筑工业出版社，2016.6
　ISBN 978-7-112-19404-9

　Ⅰ. ①2⋯　Ⅱ. ①陕⋯　Ⅲ. ①建筑工程-工程施工-
继续教育-教材　Ⅳ. ①TU74

中国版本图书馆 CIP 数据核字（2016）第 086716 号

　　责任编辑：朱首明　李　阳
　　责任校对：李美娜　刘梦然

2016 年陕西省建筑行业专业技术人员继续教育培训教程

陕西省建筑职工大学　组织编写

安书科　主编

*

中国建筑工业出版社出版、发行（北京西郊百万庄）

各地新华书店、建筑书店经销

北京红光制版公司制版

北京富生印刷厂印刷

*

开本：787×1092毫米　1/16　印张：11　字数：263千字

2016 年 5 月第一版　2016 年 5 月第一次印刷

定价：**29.00**元

ISBN 978-7-112-19404-9

（28685）

本书编写委员会

主　　编　安书科

副 主 编　翟文燕　郭秀秀

主　　审　刘明生

编写人员（按姓氏笔画为序）

丁陇云　万　磊　马林慷　王　轩　王　益

王　强　王巧莉　王景芹　石　韵　田　芳

刘军生　刘浩强　李　茜　李　荣　李　群

李西寿　李兴顺　李里丁　杨文波　时　炜

谷红文　张文丽　周亦玲　侯平兰　宫　平

姜亚丽　秦　浩　郭秀娥　梁　锟　韩　超

韩大富

前　言

　　陕西省建筑职工大学是陕西省人力资源和社会保障厅组织专家评估认定的陕西省第一批专业技术人员继续教育培训基地之一，在建设教育培训领域主要承担了陕西省建设行业专业技术人员的继续教育培训任务。2011 年以来，我们学校开展建筑行业专业技术人员继续教育培训工作已有四年多的时间，在此期间，为了切实有效地做好建筑行业专业技术人员的继续教育培训，学校组织专业教师和行业、企业的专家召开了多次研讨会，并基于陕西省建筑行业专业技术人员继续教育培训的需求编写了培训讲义、教程，同时也在不断地加强专兼职培训师资队伍建设，专业技术人员的继续教育工作取得了可喜的成绩，也积累了比较丰富的培训教学及管理经验。

　　继续教育既是学历教育的延伸和发展，又是专业技术人员不断更新知识、提高创新能力适应科技进步和行业发展的需要，为了更好地做好未来三年陕西省建筑行业专业技术人员的继续教育培训工作，我们学校于 2015 年 11 月策划、编制并向行业管理部门、建筑科研院、大型建筑施工企业等 21 家单位的专家发放了 50 份《陕西省建筑行业专业技术人员继续教育培训教程内容编写意见征询的调研问卷》，同时针对 2015 年的培训教程内容及授课效果做了大量调研工作，在调研问卷整理归纳的基础上，学校就陕西省建筑行业专业技术人员继续教育培训教程的编写内容召开了专题专家研讨论证会，按照每年专业科目 56 个课时的培训要求，最终确定了 13 个单元的教程编写内容以满足陕西省建筑行业专业技术人员 2016 年以后三年继续教育培训之需要，其中单元 1～单元 4 作为 2016 年的继续教育培训教学内容。

　　本教程是我们学校相关专业教师和行业、企业专家，根据《陕西省人社厅关于做好专业技术人员继续教育（知识更新工程）工作的通知》精神，以建筑行业、企业需求为导向，力求吸纳土建类专业技术方面的新理论、新技术、新方法为主要内容而编写的继续教育培训教材，相信会对在职专业技术人员知识技能的补充、更新、拓展和提高发挥应有的积极作用。

　　本教程在编写过程中得到了陕西省人社厅、陕西建工集团总公司、陕西省建筑工程质量安全监督总站、陕西省建筑科学研究院和陕西省建筑行业、大型建筑施工企业专家的大力支持和帮助，谨向他们表示衷心的感谢！

　　本培训教程在编写过程中，内容安排虽经反复核证，但因时间仓促，不妥甚至错误之处在所难免，恳请给予批评指正。

目　　录

单元1　经济新常态下建筑业的发展问题

第1节　新常态下建筑业发展的新趋势

新常态是当下中国经济的热词，从字面上看，新常态就是不同以往的、相对稳定的状态。这是一种趋势性、不可逆的发展状态，意味着中国经济已进入一个与过去30多年高速增长期不同的新阶段。建筑业的发展与国家经济走势变化休戚相关，必然要主动地适应与积极地调整。新常态下经济发展速度下降，结构调整过程中会阵痛。从2014年建筑业深化改革全面启动，到2015年底中央城市工作会议召开，两年时间里，建筑业在生存环境、生产方式、发展方向等方面都出现了翻天覆地的变化。认识、接受这些新变化，在新变化中找准自身定位，是企业在未来发展中抢占先机的关键。

中国经济社会和建筑业自身发展阶段，要求建筑业必须走上"创新、协调、绿色、开放、共享"的发展道路，行业企业要正确把握新常态，转变发展观念、调整发展战略、增强核心竞争力，在新一轮改革中抓住发展机遇。建筑产业化、绿色建筑、EPC等都是行业转型的方向，住房和城乡建设部也明确了建设项目组织实施方式、建筑产业工人队伍、市场机制等方面的改革举措。而对于建筑企业来说，把握行业发展趋势、不断提升自身实力，依然是改革转型的核心。

一、发展速度将长期处于中速

"十一五"期间我国经济年均增长11.3%，建筑业总产值年均增长22.7%，建筑业增长率高出宏观经济增长率约11个百分点。"十二五"期间，我国经济年均增长7.8%，建筑业总产值年均增长13.7%（图1.1-1）。可以看出，进入"十二五"以来，随着中国宏观经济回归7%左右的中低速增长的新常态，加上房地产投资持续低迷、建材价格频频探底等现状，建筑业总产值增长率也在逐年下降，而且高于经济增长率的幅度已经持续收窄。究其原因是，建筑业步入前期刺激政策的消化期，固定资产投资减少的影响，建筑业势必首当其冲，高增长之后的"换挡"是一种必然趋势。

据国家统计局最新公布的数据显示，2015年，我国宏观经济增长率为6.9%；全年固定资产投资实际增速较2014年回落2.9个百分点。即便在基础设施投资增长、PPP示范项目纷纷落地的情况下，2015年全国建筑业总产值180757亿元，同比增长2.3%，增幅首次跌进个位数，为国家公布建筑业总产值数据24年来最低增幅；全国建筑业房屋建筑施工面积124.3亿 m^2，同比增长−0.6%，工程量继续萎缩（图1.1-2）。这些都说明，建筑业靠投资拉动的增长模式已经显露疲态。建筑业发展速度正从高速增长转向中速增长，这将改变中国建筑业以往所有的发展模式。因此，我们的建筑业企业要从对国家出台刺激政策、放松房地产调控、加大固定资产投资的期待中走出来，改变以往的增长模式，加快推进企业的转型升级，快速调整战略规划及提升核心竞争力，用全新的视野和发展理念，才能应对新时期的行业变化。

图 1.1-1   2006～2015 年我国建筑业总产值及增速

数据来源：国家统计局

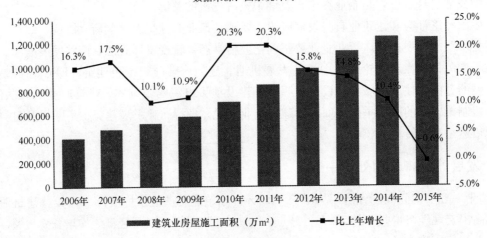

图 1.1-2   2006～2015 年我国建筑业房屋建筑施工面积及增速

数据来源：国家统计局

二、发展环境将逐步趋向规范

住房和城乡建设部《关于推进建筑业发展和改革的若干意见》、《关于推动建筑市场统一开放的若干规定》等一系列政策的实施，资质政策的调整、"两年行动"的强力推进以及"四库一平台"的建设等，都预示着建筑行业新生态正逐步形成，行业发展趋向规范化、法治化，违法转包分包、挂靠等乱象将逐步消失。

（一）统一开放的建筑市场逐步形成

2015 年 9 月 21 日，住房和城乡建设部印发了《关于推动建筑市场统一开放的若干规定》的通知，明确要求地方各级住房和城乡建设主管部门在建筑企业跨省承揽业务监督管理工作中，不得违反法律法规的规定，不得直接或变相实行地方保护。地方保护相关政策实质是在变相鼓励建筑市场的不正当竞争，使本地企业占据一定的优势，真正有实力的建筑企业却被淘汰，形成"劣币驱逐良币"的现象，这不利于整个建筑市场的良性发展。《关于推动建筑市场统一开放的若干规定》建市［2015］140 号文于 2016 年 1 月 1 日正式施行后，将对建筑市场良好秩序的营造产生重要的影响，也将为行业持续发展扫清障碍。

　　另外，为了加强对建筑活动的监督管理，维护公共利益和建筑市场秩序，保证建设工程质量安全，根据相关法律法规制定的《建筑业企业资质标准》（建市［2014］159 号），于 2015 年 1 月 1 日起施行，该标准是对国务院关于行政审批制度改革要求的响应，基本体现了《住房城乡建设部关于推进建筑业发展和改革的若干意见》（建市［2014］92 号）关于建立统一开放的建筑市场体系、推进行政审批制度改革的要求。

　　从这些文件政策可以看到，建筑市场将更加开放，进入市场更加方便、门槛更宽，但是，要求所有的大小企业都在一个平台上竞争，这种竞争带来的结果就是优胜劣汰。企业优胜劣汰是市场规律，也是走向新常态的必然发展趋势。

　　（二）"四库一平台"打造可视化监管

　　根据 2014 年《全国建筑市场监管与诚信信息系统基础数据库数据标准（试行）》和《全国建筑市场监管与诚信信息系统基础数据库管理办法（试行）》要求，在 2015 年年底前，要完成各省市自治区的工程建设企业、注册人员、工程项目、诚信信息等基础数据库建设，建立建筑市场和工程质量安全监管一体化工作平台（简称"四库一平台"），动态记录工程项目各方主体市场和现场行为，有效实现建筑市场和施工现场监管的联动，全面实现全国建筑市场"数据一个库、监管一张网、管理一条线"的信息化监管目标。"四库一平台"是住房和城乡建设部全国建筑市场监管与诚信发布平台，作用是解决数据多头采集、重复录入、真实性核实、项目数据缺失、诚信信息难以采集、市场监管与行政审批脱离和"市场与现场"两场无法联动等问题，保证数据的全面性、真实性、关联性和动态性。住房和城乡建设部披露的信息显示，截至 2015 年 7 月，全国共有 18 个省、自治区、直辖市实现了与住房和城乡建设部"四库一平台"的实时联通。该服务平台全国联通后，将实现"横向联通"和"纵向贯通"，有效降低企业管理和主管部门监管成本，有效防范和减少建筑市场违法违规行为，为安全生产提供保障。

　　（三）"两年行动"取得阶段性成果

　　工程质量治理两年行动为建筑业发展创造良好的外部环境。从这次两年行动开展的六项主要工作来看，建筑业已经开始从"量"的扩张在向"质"的提高转变，这六项工作通过全行业的努力，可以基本扭转建筑市场的混乱局面，也可以说是行业主管部门对建筑业适应新常态的引领和导向。"全面落实五方主体项目负责人质量终身责任"牵住了工程质量治理的牛鼻子。"严厉打击建筑施工转包违法分包行为"是抓住了工程质量治理的重点。"健全工程质量监督和监理机制"、"大力推动建筑产业现代化"、"加快建筑市场诚信体系建设"、"切实提高从业人员素质"是从建筑行业的现状和实际出发，保证工程质量治理取得实效的手段。前三条主要是从建设方、施工方和监管方的管理入手，完善相关制度、明确各方责任、严厉打击违法行为，正中建筑业质量通病病灶；建筑产业化现代化是建筑行业公认的重要发展方向之一，推进建筑产业化现代化发展，是建筑质量提高的有效手段之一；而诚信建设和从业人员素质的提高，则是建筑百年大计的根本，也是建筑业健康、持续发展的基石。这六个方面作为工程质量治理的有机整体，其整体推进将从根本上解决目前我国建筑市场存在的质量隐患，促进建筑业走上良性的发展道路，使"质量第一"成为我国建筑业发展的"新常态"。此次工程质量治理行动对于建筑工程质量的全面提高具有深远的意义，同时对于建筑行业不规范行为将起到敲山震虎的重要作用，建筑业良性发展的秩序正慢慢形成、"工匠精神"正逐步回归。更重要的是，该行动发端于我国新型城镇化建设方兴未艾、建筑行业亟待转型的关键时刻，对于建筑市场的规范、建筑行业支柱性产业地位的巩固和建筑企业在新型城镇化建设中发挥更大的能量，都将起到重要的促进作用。

因此，建筑业企业必须加强规范化管理，做好应对市场新变革的准备。

三、发展模式趋向绿色低碳

中央在论述经济新常态的主要特征时指出，我国的环境承载能力已达到或接近上限，全社会必须推动形成绿色低碳循环发展新方式。2015年11月，习近平主席出席巴黎气候变化大会并真诚承诺："中国在'国家自主贡献'中提出将于2030年左右使二氧化碳排放达到峰值并争取尽早实现，2030年单位国内生产总值二氧化碳排放比2005年下降60%～65%，非化石能源占一次能源消费比重达到20%左右，森林蓄积量比2005年增加45亿m^3左右。"这表明，高耗能、高污染、产能严重过剩的以破坏环境为代价的增长方式将被以制度创新、技术创新为发展动力的新经济模式所取代。2015年12月举行的中央城市工作会议也提出了明确要求：要统筹生产、生活、生态三大布局，提高城市发展的宜居性。推动形成绿色低碳的生产生活方式和城市建设运营模式。坚持集约发展，树立"精明增长"、"紧凑城市"理念，科学划定城市开发边界，推动城市发展由外延扩张式向内涵提升式转变。城市交通、能源、给水排水、供热、污水、垃圾处理等基础设施，要按照绿色循环低碳的理念进行规划建设。这些都对施工企业的管理理念和发展模式提出更高层次的要求。施工企业必须在日常生产中把好资源节约和节能减排两道关口，通过开展技术革新、管理优化、推广节能减排工艺等手段，实现节能、节地、节水、节材和环境保护的目标。这既与国家的政策导向紧密相关，又和"走出去"的要求相一致，更是施工企业履行社会责任的体现。绿色施工启动得越早，施工企业未来相应的投入将会越少，效果也会更好。

因此，建筑企业走上绿色化、低碳化发展方向，是顺应世界潮流、响应国家要求、引领改革趋势的必经之路，是在转型升级中提升综合竞争力的内在要求，也是企业可持续发展的必然追求。

四、市场对产品的需求更加多样化

（一）需求端层面差异化发展

目前，提升城市化建设质量相关问题成为新的重点，特别是交通设施、综合管廊、海绵城市的改造将带来巨大的市场机会；中央城市工作会议也指出中西部地区存在巨大发展空间，需要新建各种基础设施满足城市新增人口的需求。这些表明，市场对建筑产品的需求更加多样化，在市场总量不变的情况下，企业就必须在差异化发展道路上寻求更多的突破。另外，新版（2014 版）《建筑业企业资质等级标准》在企业人员、资产和专业分包等方面均有较大的变动，其中，专业分包充分考虑了各专业板块之间的关系以及行业现状，划分更加合理。专业承包资质由原来的 60 个变为 36 个，旨在形成不同业务领域差异化发展的新格局。以此为参照，企业必须根据市场、自身实力和行业整体发展现状，确定自己的目标市场和业务领域，以避免陷入"红海"大战。而从 2015 年全国新增特级资质企业和在原有特级资质项基础上进行增项申请的企业可以看出，央企已经在开始布局地下管廊、PPP 等基础设施市场。说明央企在新常态下，也在不断开拓新的专业领域、寻求新的发展空间。

（二）供给端层面多角度推进

目前建筑业粗放型发展的本质没有改变、管理落后制约着持续发展潜力、产能过剩日趋严重、债务高企成为普遍现象，以投资拉动行业发展的"后遗症"开始出现，"去产能"、"去库存"等成为时下行业改革与发展的重心。因此，建筑业企业必须走出以往的"重速度，轻质量；重产值、轻效益"的生产经营模式，从供给端层面进行推进。这也符合"供给侧结构性改革"这一国家战略的要求。从根本上说，建筑业实行供给侧结构性改革，是由国家经济和建筑业自身发展现状共同决定的。

1. 供给侧结构性改革的特点

中央财经领导小组第十二次会议上，习近平总书记强调：供给侧结构性改革的根本目的是提高社会生产力水平，落实好以人民为中心的发展思想。要在适度扩大总需求的同时，去产能、去库存、去杠杆、降成本、补短板，从生产领域加强优质供给，减少无效供给，扩大有效供给，提高供给结构适应性和灵活性，提高全要素生产率，使供给体系更好适应需求结构变化。

供给侧结构性改革，就是从提高供给质量出发，用改革的办法推进结构调整，矫正要素配置扭曲，扩大有效供给，提高供给结构对需求变化的适应性和灵活性，提高全要素生产率，更好满足广大人民群众的需求，促进经济社会持续健康发展。中国供需结构正面临着不可忽视的结构性失衡，"供需错位"已经成为阻挡中国经济持续增长的最大障碍。一方面，过剩产能已成为制约中国经济转型的一大包袱。另一方面，中国市场的供给体系，总体上是中低端产品过剩，高端产品供给不足，因此，强调供给侧结构性改革，就是从生产、供给端入手，调整供给结构，为真正启动内需，打造经济发展新动力寻求路径。

过去多年里，每当遇到经济下行压力，很多人自觉不自觉地就想起了凯恩斯主义的需求管理政策，以实现经济增长的目标，建议用"面多了加水、水多了加面"的办法，来暂时掩盖深层次的矛盾和问题，结果是耽误了解决问题的最佳时机。而供给侧结构性改革则是不回避矛盾，面对问题，并用改革制度的真办法，去解决深层次的结构性问题。与需求管理政策相比，供给侧结构性改革具有以下四个鲜明特点：

（1）强调市场。需求管理政策主要强调发挥政府的宏观调控作用，而供给侧结构性改革则强调充分发挥市场的决定性作用，强调激发企业和民众的积极性和创造性，激发市场的活力。

（2）重视效率。需求管理政策强调通过投资拉动经济增长，而供给侧结构性改革则强调通过提高全要素生产率来实现经济增长。

（3）着眼长远。需求管理政策强调解决短期的宏观经济波动，故凯恩斯指出"长期，我们都死了"，而供给侧结构性改革则强调经济的长期可持续发展。

（4）侧重制度。需求管理政策强调政府政策的作用，故常常运用财税政策、货币金融政策来管理经济，而供给侧结构性改革则强调制度的作用，强调优化各个主体之间的责权利关系，以化解深层次矛盾。

2. 建筑业供给侧结构性改革方向

从供给侧看建筑业的结构性改革，主要可以从制度建设、产业结构、生产方式和要素投入等方面着手。

（1）推进建筑业市场化改革。建筑业是改革开放后市场化发展较早的行业之一，也是目前地方保护较为严重的行业之一，这一方面使建筑业不能形成统一开放的大市场，另一方面也使部分地区建筑业坐等政策扶持，导致思维落后、技术陈旧、产品落后，企业不仅难以做大做强，也滋生了腐败现象。要使建筑业改革真正见成效、扩大有效供给，必须加速和深化建筑业简政放权、持续推进市场化发展。

（2）不断优化产业结构。建筑业进入门槛较低，建筑企业多如牛毛、建筑产品质量参差不齐，在导致行业利润率偏低的同时，也让建筑业技术更新速度慢、同质化竞争严重，与市场需求脱节，产品单一、产能严重过剩。在供给侧结构性改革趋势下，行业企业必须向民生类工程转型，以 PPP 模式参与水利、环保、公路工程和地下管廊、海绵城市建设；加快绿色建筑、智能建筑投入力度，开发具有个性的、可满足不同人群需求的新型建筑，如被动房、钢结构建筑和木结构建筑等。

（3）加快转变生产方式。一是企业必须由"竞争"走向"竞合"，改单打独斗为合作共赢，充分发挥政府、市场、资本和企业各自优势，提升资源整合能力，在共赢中走向发展新高度。二是顺应行业发展趋势，抢占转型制高点，在建筑产业化等方面加大投入，提高生产效率。三是实施集约化经营，包括利用企业间的兼并重组，提高建筑产业链运营效率。

（4）从要素投入型向创新驱动型跃迁。创新型人才队伍建设必不可少。对行业而言，随着人口红利的逐步消失，建筑产业工人队伍建设必须提上日程；对企业而言，拥有一批自有高素质技术工人尤其重要。信息化等技术的研发、应用必须加大力度。BIM、互联网等技术的出现，在提升建筑质量、提高企业和项目运行决策的效率方面功不可没，同时，这些技术也是整合企业各类要素的黏合剂，在现代企业管理中不可或缺。建筑业转型的推动力，从根本上说，就是人才和技术，企业必须认真对待。

五、经营领域逐步趋向全球化

经济全球化是当代世界经济的重要特征之一。阿里巴巴董事局主席马云在乌镇的世界互联网大会上说："生意越来越难做，关键是你的眼光。你的眼光看的是全中国，就是做全中国的生意；你的眼光看到的是全世界，就是做全世界的生意。"随着经济全球化的发展，"一带一路"、京津冀协同发展和长江经济带等战略的相继落地，打破了建筑企业"同行是冤家"的传统思维，让企业的经营触角开始伸向海外市场，互惠协作、互利共赢将成为"走出去"背景下建筑业企业融合的新常态。

受经济大环境的影响，我国建筑业产值的绝对值和增长情况都不太乐观。但"一带一路"战略的适时出台为国内建筑业带来了新的希望和机遇。一方面，在国内的市场中，2015 年由"一带一路"海外项目基建投资拉动的国内基建投资规模在 4000 亿元左右。另一方面，在国外市场中，截止到 2015 年年中，已经落实的跨国投资规模约 524 亿美元，商务部预计"一带一路"战略将极大提升我国大型建筑公司的海外收入占比。2015 年前 11 个月，我国企业共对"一带一路"沿线的 49 个国家进行了直接投资，投资额合计 140.1 亿美元，同比增长 35.3%。同期，我国企业在"一带一路"沿线的 60 个国家新签对外承包工程项目合同 2998 份，新签合同额 716.3 亿美元，占同期我国对外承包工程新签合同额的 43.9%，同比增长 11.2%。"一带一路"战略促成的典型项目包括肯尼亚蒙内铁路、巴基斯坦卡拉奇—拉合尔高速公路、印尼雅加达—万隆高铁项目等。

"一带一路"战略为我国建筑企业提供了加大海外市场投入的机会，进一步加强了海外市场的扩大开放融和，有利于增大投资规模，大力发展海外建筑市场，既有利于消化国内过剩的建筑产能，也有利于提升我国建筑业的整体水平，增强建筑企业参与国际化竞争的优势，促进中国建筑业海外市场的发展。建筑工业化相关业务在这一过程中也迎来了巨大机遇。

同时，国际市场上高附加值、高技术含量和综合性的项目的增多，对承包商技术、资本、管理等能力的要求越来越高，需要一批具备工程总承包、项目融资、国际信贷、设备贸易等能力的企业。面对全球化的挑战，企业必须在竞争中寻求突破，在发展中超越自我，以全球化的视角定位发展战略。大型建筑企业要把经营范围摆在全球思考，一方面，继续深入实施"走出去"发展战略，抓住"一带一路"和京津冀、长江经济带这些重要的经济增长点，大力拓展内外市场。另一方面，主动与国内外优秀企业合作，学习借鉴成熟经验和管理模式，借船出海，不断提升对外承包工程竞争力。另外，"走出去"发展，也是对企业人才、管理、技术和融资等核心能力的综合考验。这里要特别强调的是，建筑企业在转型升级中一定要从实际出发，结合形势和市场变化来调整产业结构，不要顾此失彼，为转型而转型。要围绕国际国内市场需求和新常态下固定资产投资方向，与资本市场、建筑产品开发等有机结合，形成新的业务发展模式，提升产业层次，拉长产业链条。

六、企业管理层逐步趋向职业化

市场的竞争说到底是人才的竞争，人才的市场化和职业化，对企业已经提出了新的挑战。中央和全国建设人才工作会议都提出了"人才强企"的战略部署，明确把职业化作为企业经营管理者队伍建设的一项重要举措。同时明确对企业经营管理人才要实行职业化和市场化管理，对职业经理人实行社会资质评价制度。

（一）企业负责人的职业化

在传统的计划经济体制下，我国企业的负责人，特别是国有企业的负责人只是国家行政干部的一个分支，没有职业化，也没有形成一个独立的阶层。建立现代企业制度，必须首先建设一支能适应市场、驾驭市场的高素质、职业化的企业家队伍，"职业化"问题已经成为影响企业管理与发展的重要因素。我国著名学者张维迎在谈到中国企业发展的核心竞争力时讲到：如果一个企业不能够走向职业化的管理，任何宏伟的战略都是不可能实现的。有专家甚至强调说，职业化是中国企业发展的核心竞争力。

中国建筑企业与发达国家建筑企业很大的一个差别，就是职业化程度不高，这种差别已经直接制约着企业的发展。目前全国建筑企业有八万多家，经营管理者队伍非常庞大，经营管理者的素质，对企业的生存发展，对建筑市场秩序、建筑产品的质量具有决定性的作用。而我国目前建筑企业领导者职业化素养亟待提高，职业化、社会化、市场化水平还较低，真正从事经营管理的专业人才比较少。因此，市场经济呼唤高素质的职业化的企业经营管理阶层的形成，进一步建立建筑业企业负责人职业化、社会化、市场化的用人机制，是行业发展的迫切需要。

（二）企业管理人员的职业化

在建筑市场竞争不断加剧的情况下，企业需要不断提升管理科学化和现代化水平，也急需大量训练有素的各类管理人才。加强项目经理职业化建设，是企业适应激烈的市场竞争、提升经济效益、实现企业目标的有效途径。

1. 项目经理职业化建设是指按照政府规划、行业指导、企业推动、市场认可的原则，逐步实现建设工程项目经理人才培养专业化、岗位要求标准化、企业任用科学化、人才流动市场化、行业管理规范化、队伍建设职业化的目标。

2. 推进项目经理职业化建设是贯彻落实人才强国战略，促进建筑业可持续发展的重要举措。项目经理作为建筑企业经营管理团队的重要组成部分，既是工程项目管理的核心，又是保障工程项目功能、质量、安全、进度、成本、节能环保目标实现的重要岗位与责任主体。因此，全面推进项目经理职业化建设，持续培养造就一支高素质、复合型、职业化的项目经理人才队伍，对建筑业可持续发展战略，着力把握发展规律、转变发展方式、破解发展难题，提高发展质量和效益，实现又好又快发展具有重要的现实意义和历史意义。

3. 推进项目经理职业化建设是进一步坚持项目经理责任制，巩固建筑业改革与发展成果的迫切需要。改革开放以来，建筑业作为城市改革的突破口，其最重要、最直接的体现是在工程项目上实行了项目经理责任制，这已成为建筑企业在工程建设中与国际接轨的一项基本制度。推进项目经理职业化建设既是企业进一步落实项目经理责任制的迫切需要，更是坚持巩固建筑业改革与发展成果的必然要求。

4. 推进项目经理职业化建设是施工生产组织方式和工程项目管理活动规律的内在要求。一个建设工程项目要进行施工生产组织，进行项目管理，就必须有一个项目经理。项目经理是建筑企业重要的人才资源，项目经理职业化建设是企业兴旺发展的永恒主题。特别是面对新形势和国际化的挑战，职业化的较量已成为企业间的核心竞争力。建筑企业要实施"走出去"战略，不断提高和创新项目管理水平，就必须走职业化建设的道路，这是企业管理科学发展的客观选择。

5. 市场和企业对项目经理的广泛认可，是推进项目经理职业化建设的强大动力。建筑业生产方式变革所建立的以项目经理为核心的项目团队组织管理项目，市场和业主给予了高度评价与广泛认同。企业把项目经理及项目经理部称为利润的源泉、市场竞争的核心、公司形象的窗口、经营管理的基础、建楼育人的熔炉、文化建设的基地。由于其地位之重、作用之大，要求这一重要岗位必须是经过长期职业化培养锻炼的专业人士才能胜任。

（三）建筑工人的职业化

2016 年两会上，李克强总理在《政府工作报告》中就企业发展方面提出了"工匠精神"这一新词汇。报告中鼓励企业要开展个性化定制、柔性化生产，培育精益求精的工匠精神，增品种、提品质、创品牌。"工匠精神"成为政府工作报告中首次出现的新词，标志着"投资少、周期短、见效快"的"批量化生产"思维模式将逐步向追求严谨制造力和强大创新力的精益求精思维模式、行为模式转变。事实上，"工匠精神"并不是新鲜概念，但是处在我国经济进入新常态后的大背景下，经济增长从投资驱动向创新驱动过渡，面临着调整产业结构和转型升级深刻变革的大背景下，这四个字在这样的场合出现，则显得意义非凡。

"工匠精神"一经提出，众多企业纷纷响应并指出"工匠精神"对于企业的重要性。在工程建设行业，尤其是在全国工程质量治理两年行动中，学习劳模精神，弘扬工匠精神，更具现实意义。凝聚成中国的工匠精神，不但要贯穿于我们的城市规划以及土木工程的设计和建造过程，还应该用于调整和指引建筑业人才队伍建设工作。

处于转型期的建筑业，各种工程建设项目几乎都在追求"投资少、周期短、见效快"而忽视产品质量与细节已成为自身发展的一大短板，从建设单位到施工单位，从企业负责人到一线工人，都在抢工期和追求短期利益的错乱中，顾不上或者忽视了产品的品质灵魂，这也直接导致了"楼脆脆""桥塌塌""桥粘粘"等怪象不断，不仅折射出社会普遍存在的价值功利化现象，也反映出很多领域内人们的急功近利与投机取巧。尤其是建筑工人占建筑业从业人员 80% 之多，他们大多没有经过专门的职业培训，放下手中的农具，来到施工现场，就变成了建筑工人。试想，如果一线的工人连最起码的职业操作技能、基本操作规范和程序都不清楚，怎么能生产出高质量的建筑产品、怎么为社会提供更多的放心工程、满意工程、精品工程。大量质量安全事故和隐患的发生，与建筑工人技能水平普遍偏低直接相关。因此，建筑工人需要职业化，强化职业培训是提高建筑工人知识化、专业化、技能化水平，向职业化转型的关键之举。通过职业培训让建筑工人树立牢固的质量安全意识，熟练掌握相应工种的技术技能，同时，各专业施工企业要培养掌握专门技术的工人队伍，提高建筑工人职业化水平。职业化的发展，能够促进建筑工人对"工匠精神"的弘扬，形成对建筑产品精雕细琢、秉持精益求精的理念。

时至今日，我们仍呼唤"工匠精神"的原因在于，建筑业的发展在于对创新、高效、环保的不断探索，要让确保工程质量成为习惯融进血液里，而不应再担心哪栋楼会猝然倒塌。回归历史，回归鲁班，回归到建筑业的工匠精神本身，我们就不会再惊叹于别人的"日常"，而是将此作为我们的标准。让"工匠精神"成为一种文化传统，深深植根于人们心中。

第 2 节　新的发展理念下建筑业如何转型

一、改革生产方式，主动引导社会消费

在新常态下，建筑行业面临着新的发展形势，当前建筑市场投资领域的新变化、生产

方式的新转变、资源环境和生产要素的制约以及用工荒等问题的出现，都呼吁传统建筑业转变发展方式，进一步转型升级。虽然几十年来建筑业施工体制发生了巨大的变化，项目和企业管理都有较大的提升，但是相对于工业企业来讲，建筑业的产业集成度还是较低，生产方式较为落后。在竞争激烈的市场，单个企业可以是强大的、先进的，但生产结构的组合却是落后的、分散的；现场的施工技术和管理可以是先进的，但产业化的集成技术应用却是落后的。勘察、设计、施工相互分离，总包、分包合作无序。传统的生产方式已经严重地制约着建筑生产力的发展，大型建筑企业要率先研究和调整企业的发展战略，扩大在市场上的合作空间，提升在市场上的工程总承包能力，提高建筑产业化的水平。推行工程总承包和走建筑工业化发展之路已成为国内大型建筑施工企业转变发展方式的重要方式，也是业内公认的未来建筑业发展大趋势。

2014年，在住房和城乡建设部开展的工程质量治理两年行动中，已明确大力推动建筑产业现代化为六大任务之一。建筑产业现代化，是建筑业转型升级适应新常态的必然选择。2016年2月国务院在其颁布的《关于进一步加强城市规划建设管理工作的若干意见》（简称《意见》）中明确指出，要发展新型建造方式，大力推广装配式建筑，加大政策支持力度，力争用10年左右时间，使装配式建筑占新建建筑的比例达到30%。

建筑产业现代化是潮流和趋势，相对于传统的建筑业，它有以下几个特点：（1）建筑观念的现代化。要从过去的"经济、适用、美观"向新的"节能、环保、可持续发展"的新理念转变。（2）建筑方式现代化。大力推进建筑施工方式的转变，转向工厂化生产、装配式施工，实现节能、节水、节地、节材、节时和环保。（3）建筑管理现代化。通过信息化手段，使建筑管理从粗放管理向精细管理转变。（4）建筑产品要现代化。建筑产品向绿色建筑、节能环保建筑、智能化建筑发展。五是建筑队伍要现代化，使农民工转变成专业的建筑工人。

目前，我国建筑产业现代化已经进入了发展的"机遇期"。未来，建筑产业现代化的发展一定要注意三个方面的问题：（1）要遵循市场规律，不能盲目地用行政化手段推进。要让工业化的技术体系和管理模式在实践中逐步发展成熟，不能一哄而上，更不能急功近利，这才是健康发展之道。（2）要科学管理，从房屋建造的全过程、全系统的角度整体推进、协调发展。要建立现代化企业管理制度，重点推进工程总承包模式，通过整合优化产业资源来实现整体效益的最大化。尤其在建筑工业化发展的初期，社会化程度不高、专业化分工尚未形成的前提下，只有按照这种模式，才能把整个产业化技术和管理模式固化下来。（3）要以技术创新为先导，研究和建立企业自主的技术体系和建造工法，这是企业的灵魂与核心竞争力，未来谁掌握了技术和工法谁就掌握了市场，谁就能在新一轮变革中掌握先机、赢得主动。

二、推动绿色施工，树立新的环保节能形象

绿色施工，是指工程建设中，在保证质量、安全等基本要求的前提下，通过科学管理和技术进步，最大限度地节约资源并减少对环境负面影响的施工活动。绿色施工的意义在于：（1）符合建设生态文明、加快绿色发展的要求；（2）有利于建筑业转型升级、可持续发展。绿色施工使企业从粗放型向集约型转变，从劳动密集型向技术密集型转变，推动了

建筑业企业强化管理创新和技术创新；（3）实现经济效益、环境效益和社会效益的统一。绿色施工使企业在节约运行成本的同时，有效实现环境保护、资源节约，提高综合效益。

但在当今各方面都快速发展的新时期，如何推进建筑业的可持续发展，如何在保证良好环境秩序的前提下发展社会生产力水平，是我们推动城市发展共同面临的课题，这就是要求工程施工现场实施绿色施工。建筑业企业在工程建设过程中，注重环境保护，势必树立良好的社会形象，也派生了社会效益、环境效益，最终形成企业的综合效益。

绿色施工对于施工企业来讲，也是一个系统工程，可以在以下几个方面发挥优势：

1. 保护环境，减少污染

适当增加现场绿植，裸露部分覆盖密目网，以减少粉尘污染；建筑垃圾实行分类收集，集中堆放，充分回收并进行有效控制；采用低噪声机械进行施工，按不同区域、不同施工阶段、不同时间段进行噪声监控。

2. 节约材料，巧用资源

节约主材，降低消耗。采用新的钢筋连接技术，节省钢材投入量。优化混凝土施工方案，降低水泥用量；现场临时设施、安全防护实行标准化、定型化，减少项目二次投入；科学使用定型模板施工，降低模板投入量，使混凝土达到清水效果，减少后期人工材料损失。

3. 回收资源，循环利用

利用收集雨水进行浇灌、卫生清理，用于混凝土养护，实行非传统水源的循环使用；逐步推广对旧建筑拆除后，进行垃圾的破碎再利用，同时尽量减少新建筑的垃圾总量。

4. 利用光能，节约用电

施工现场的生活区，可采用太阳能热水系统，既节约电能，又可以便捷地解决员工的用热水问题；在生活区、办公区安装节能灯具及声、光控开关，生产区安装 LED 灯具，可有效地节约电能；在生活区、办公区、生产区分别安装电表进行分区域、分阶段计量、统计和监控，改变以往工地过度耗电的状况，科学、有效地控制用电量。

5. 合理规划，节约用地

对现场临时设施用地的合理规划，也可以在生产周期内达到节约资源的目的。要合理布置施工平面图，办公区、生活区，要因地制宜，尽可能缩小占地空间；生活、办公用房采用多层、工具式活动板房搭建，可以更好地节约占地空间；根据临设区道路使用功能，确定道路宽度和厚度，减少硬化面积，降低建筑垃圾的产生量。

6. 提高效率，减少用工

节约人力资源是最大的节约。要克服过去建筑工地人海战术的做法，统筹安排好现场用工。要精确计算和控制各类工种的使用量，提高劳动生产率。建立现场良好的合作氛围，协调好工序搭接，减少窝工与人员浪费。实行现场 5S 管理，减少重复劳动，减少二次搬运，减少返工损失。

绿色施工是要做出更多的投入，要增加企业的成本，但是，从发展的眼光看，绿色施工的能力和技术将会成为企业一种有形的资本，也将会得到社会与市场的回报。建筑施工企业只有把绿色施工作为企业今后的发展方向，才有可能在当前低碳化、绿色化的浪潮中保持长久的竞争优势。

三、拓展商业模式，主动向上下游延伸

管理学大师彼得·德鲁克曾说："当今企业之间的竞争，不是产品之间的竞争，而是商业模式之间的竞争"。有资料调查显示，高达 49% 的创业型企业失败的原因，是因为没有找到适合自己的持续赢利的商业模式。对于建筑施工企业，不能仅限于建筑施工领域，要积极向产业链的上下游延伸，实现多元发展。目前，国家力推的 PPP 商业模式就是一种新型的融资模式，PPP 模式的出现，为企业承揽业务打开了一个崭新的空间。探索新的经营模式，助推企业快速融入新常态，获得新发展。

（一）丰富主业内涵，完善建造服务功能

调整经营结构要符合企业发展的实际，对有几十年建筑经历的大型建筑施工企业来讲，一定要做强主业，做精核心业务。在新的历史条件下，市场对建筑业的服务功能将会提出更高的要求，企业要高瞻远瞩，提前研究和策划未来的主业内涵，在建造施工的基础上，逐步提高建造服务的品质，推动绿色施工，提高建筑物的耐久性和使用寿命；逐步增加服务的项目，如建筑物的未来改造、完善、维修，使建筑全寿命周期管理总费用得到有效控制，使建筑物的运行质量得到长期的保证。新的建造服务理念必将为企业带来广阔的市场前景。

（二）强化设计、融资能力，进入高端市场

大型建筑企业发展到一定阶段，就要将战略目标从低端的规模经营逐步转向高端的差异化经营上来。最核心的是提高设计、施工一体化的工程总承包能力，提高资本运营和投资承包的能力。大型建筑施工企业要与勘察设计单位、银行和非金融融资机构展开合作，选准项目，精算收益，逐步扩大 BT、BOT、房地产开发等项目的经营业务。有远见的大型建筑施工企业，要向项目总承包商的方向探索发展。这种高端的商业模式虽然目前刚刚开始研究，但将来会是市场竞争的热点领域，也是企业利润收益的主要来源。

（三）树立合作共赢理念，建立稳定的市场分包机制

当前的建筑分包市场较为混乱，联营挂靠成风，对企业的管理和信誉都带来了不小的影响。在违规、混乱的背后，有非理性的市场行为，也有符合市场规律的客观存在。要趋利避害，逐步推动形成市场上合理的分包层级，研究符合市场规律又能为企业所接受的经营管理办法。大型建筑施工企业要主动研究这一问题，与有信誉、有实力的低资质施工企业和专业公司建立长期、稳定的总、分包关系，联合开展品牌经营，信誉经营，并实现各方主体的双赢。

四、重塑市场信誉，建立新的行业形象

近几十年来，中国经济发展突飞猛进，建筑业在引领着 GDP 的快速增长。对于快速发展中出现的种种问题，企业大都将其归咎于市场，归咎于社会。唯独很少认真地想一想这里还有一个社会与企业都共同存在的问题——诚信问题。诚信是人的立身之本，诚信也是建筑业健康发展的基石。诚信建设已经是社会和企业发展逾越不过去的重要问题了。

（一）当前建筑市场信用缺失的危害

今天的建筑市场，人们普遍认为不规范的行为很多。在建筑企业来看，施工企业处处

承受着不公正的待遇。在社会和业主的角度看，建筑市场比较混乱，尤其是对施工企业信任度较低。由于信任的缺失，导致出许多人为的问题和矛盾。

在施工过程中，由于信用的缺失，有的施工企业违背合同的承诺，违规转包工程，随意拖延工期，非理性的索要合同以外的款项，甚至偷工减料，粗制滥造，给业主造成了巨大的损失，给社会造成了负面的影响，也给原本地位较低的施工企业脸上抹上了厚厚的黑色。

在工程招标投标中，由于信任的缺失，业主和招标单位往往对施工企业设置了种种额外的限制，提出了许多非理性的要求。即使这样，施工企业也能不断地想出新的应对办法，真是"你有政策，我有对策"。限制与反限制的博弈一直在进行着，只是如此一来，市场的交易成本在不断攀升，社会上的资源在白白流失，寻租的腐败行为在恶性膨胀，市场和社会风气受到严重的污染。

在工程合同洽谈与履行过程中，由于信任的缺失，业主单位要求施工企业大量的垫资施工，提供名目繁多的各类保证金，又有意无意地拖欠施工企业的工程款，造成企业资金链的断裂，反过来又制约着工程的顺利进行，这种恶性循环已经成为行业和社会的顽疾。

在工程结算、决算中，由于信任的缺失，业主单位有意拖延结算、决算的时间，更有甚者，在有些工程上不以合同为决算依据，对工程再次进行审计，否认了合同的合法性，将施工单位完全置于了不信任的地位。

这些不信任是我国建筑市场发展过渡期内客观存在的一种现象。虽然信任缺失是双向的，但这种不信任大都又指向施工企业，这种认识又有着较为普遍的社会认同基础。诚信的缺失不仅影响到施工企业的正常运营和发展，降低了社会的效益和效率，干扰了市场上的正常秩序，还严重的损害着社会的公平和正义。

（二）建筑市场诚信缺失的深层次原因

1. 供大于求是产生诚信问题的市场基础

在国家经济高速发展期，由于固定资产投资持续的高速增长，也由于农村劳动力的大量进城，催生了施工企业的过量增长，供大于求的建筑市场必然带来了过度的竞争，这就给工程的业主单位带来了有利的机会。业主可以有更大的范围来挑选施工企业，可以更强势地提出合同的条件，甚至置国家法规于不顾，随意压级压价，随意肢解工程，随意签署分包合同。还可以违规要求施工企业大量地垫款施工，提供各类保证金，长期拖欠施工企业工程款。这种市场地位差异形成的信任危机将会较长期的存在，只有当市场买卖双方趋于平衡时才会逐步好转。

2. 建筑法规的滞后是市场诚信机制建立缓慢的制度缺陷

供大于求的建筑市场，形成了业主的强势地位，但各级政府关于建筑市场的相关法律和法规并没有逐步消除事实上存在的不平等。例如，《建筑法》中对施工单位要求的规定很多，但对于业主单位基本没有多少可以执行的约束条款。在同一民事责任中，甲乙双方常常处在不平等的位置。法规和制度上的缺陷长期存在，使得施工企业在市场行为中即便是合法的权益，但在法律执行中却往往败诉或失利；相反，对于业主单位违规的行为，施工企业无可奈何，政府执法部门也无人问津。制度失去了公正性，市场诚信体系的建立就失去了保证。

3. 施工企业的行为弊端是诚信缺失的主体原因

在建筑市场开放的状态下，施工企业过量增长，泥沙俱下，鱼龙混杂。新进入市场的有技术、管理、资质较弱的以农民工为主体的施工企业，也有社会上仅凭某种关系、投机于建筑业的个体户，还有专门挂靠有资质企业的新"食利者"团体。同时也有机制落后、管理薄弱的一些国有企业。几十年来，建筑市场上的施工企业总体上是进步和发展的，但也确实不断地发生着违背市场规则、串通企业围标、随意拖延工期、违规转包工程、质量粗制滥造、拖欠农民工工资，甚至偷工减料、与业主无理取闹等不良记录。给业主和社会都造成了不良的影响。另外，在市场过度竞争的状态下，施工企业无力反抗业主的不公正做法，反过来却又"自相残杀"，这又给投机违规行为和不正当的交易提供了大量的机会。这种行为的大量出现，又给施工企业自身生成了负面的影响。施工企业自身存在的问题是行业信誉缺失的主体原因，也是必须要主动面对的新问题。

4. 政府公正执法是影响市场诚信行为的根本所在

建筑市场的行政执法，不仅是规范市场主体依法经营的必要手段，而且也是建立市场诚信的标识所在。政府有关部门一项公正、廉洁的行政执法，会对施工企业产生无形的、巨大的诚信经营、依法经营的约束效应；相反，政府有关部门一次渎职、暗箱的操作，又会给建筑市场形成连锁的、长期的违规经营、不讲诚信的负面影响。另外，政府部门本身在工程建设、信守合同方面对国家法规的遵守和身体力行的程度，也极大的影响着建筑市场的诚信建设。

在我国经济发展到一定阶段的时候，在建筑业进入调整转型期的时候，社会诚信问题已经成为了阻碍行业发展和市场公正的关键问题。诚信问题也已经不是某一个方面单体的问题，而是一个共同规则、行业风气、社会风气和社会道德问题了。必须要进行综合的治理，加快行业诚信体系的建设。

（三）诚信体系建设是企业生存的基本责任

当前，建筑施工企业反映最为强烈的问题是所谓业主、社会强加在施工企业身上名目繁多的保证金问题。其实解决这一问题的根本办法还是施工企业要建立起市场的信誉，社会要认同企业的信誉。这也是从以上分析中得出来的基本结论。供大于求的买方市场现状短期内难以改变；国家的建筑法规要等待时机的成熟才能修改（这一时机也包括建筑企业整体行为自律的改善）；目前唯一能有效解决问题的就是施工企业自身。这其实也是一种竞争，一种无形的竞争，一种诚信价值的竞争。有眼光的大型企业，在发展自身实力的同时，要把建立市场和社会的信誉放在更加突出的位置。要在市场经营细节中树立企业讲信用的形象；要在施工过程中体现更周到、细致的服务；要在与业主交往中寻求长远的合作共赢利益；要在与对手竞争中体现出信誉上的差异优势。大企业的诚信行为不仅可以为自身赢得宽阔的市场，也有助于推动行业的诚信风气的形成。

（四）诚信体系建设是建筑行业的社会责任

诚信问题与每一个施工企业都有关系。企业在成为市场不诚信行为的受害者的同时，也可能会在某一个市场环节表现出利己的、不诚信的行为。因此，行业的自律就显得非常的必要，建筑施工企业的行业协会在诚信建设中要有所作为。国家和每个地区都有行业协会，全国大大小小的建筑施工企业都会依附在某一个协会。建筑施工协会有一个基本职能，就是实行行业的自律。在诚信建设成为整个社会关注的重大问题的时候，协会组织就要将诚信行为的行业自律摆在突出的位置。行业协会要成为一切诚信企业和诚信行为的坚强柱石，绝不能做其他违规企业和失信行为的避风港。

社会信用评估机构的评估工作，在我国还处在初级阶段，今后还有着广泛的前景。但当前的问题是评估机构首先要洁净自身，公正办事，首先树立起自身的社会信用，然后才能担当起社会的责任。

（五）诚信体系建设是政府主管部门的监管责任

市场的诚信经营最终是要通过政府执法才能进入规范的轨道。因此，政府主管部门对建筑市场的严格监管，对于诚信体系建设起着决定性的作用。如果说改革开放初期建筑市场的鱼龙混杂是市场过渡的一种状态，那么在国家经济转型期，规范和净化建筑市场就成了政府主管部门不能回避的工作任务。第一，要整顿不符合资质要求的各类建筑企业，禁止无法人单位、无信誉的施工队伍进入市场。界定资质和实际施工能力相符合，目的是解决市场分层管理的问题。禁止无法人单位的施工，目的是解决建筑产品有人负责的问题，做这两方面的限制就能解决好产品信誉的基础。第二，要从资质和实力上将工程总承包企业、专业施工企业、劳务分包企业界定清楚，并规范各类企业所能承包的工程等级。第三，建立企业诚信经营的信息档案。对于长期信用优良的施工企业，可给予相对较宽的市场选择与较优厚的政策待遇。对于不良信用记录较多的施工企业，应给予严格的市场处罚，并限制其在市场中的活动范围。第四，用司法、行政的诚信引导全社会的诚信建设。司法部门、政府部门也要带头严格执行国家法律法规，成为诚信建设的严格履行者和社会典范。

建筑市场的整顿是一个长期的过程，诚信体系建设更是一个在政府强力推动下的系统工程。相信在新的历史阶段，随着一套公开、公平、公正的行政管理系统和良好的司法环境的形成，建筑市场的法律和规定会更加进步，对建筑法规和制度的执行会更加公正、公平、清廉、有效，企业的诚信经营将会成为自觉的行为准则。

五、依据企业实际，完善国企产权体制

我国建筑业改革走过了 30 多年的路程。不少国有地方建筑企业改造为多元化的民营企业，相当一部分目前都运营良好。中央与地方大型施工企业改革大都走的是一条比较艰难的道路，经过了减员分流、清还债务等阵痛后，目前在市场上也具备了较强的竞争能力。按照四中全会的精神，企业还是走混合所有制的路子为好。企业改革的目的是创新机制与长远发展，项目股份制可以探索，但不是企业体制改革的主要内容。国有企业改制要从实际出发，企业目前的实际是：带领企业历经艰辛，闯过市场的经营者们对企业负有一定的责任，对职工怀有深厚的感情，让这些经营者为主体的管理层持有较多的企业股权，对企业的长远发展较为有利。项目管理的改革要服从于企业管理的全局，服从于企业的整体利益。项目的承包制作是一种经营发展模式，曾经发挥过重要的作用，随着企业经营的细化，它将会逐步成为历史。成熟的市场要求规范的法人经营与管理，企业也应实行集约经营，提高法人的收益。未来项目管理人员的薪酬改革将要提到议事日程，改革的方向是项目经理人的执业化与市场价值的均等化。

（一）国有建筑施工企业需要继续优化产权关系

过去的几年里，国有施工企业经过了产权结构的调整，进行了现代企业制度的建设，企业经营机制也有了一定的改善。但从形势发展和企业资本收益来看，还有着继续改革的必要性和调整空间。

1. 建筑业发展持续的增速掩盖了企业制度不尽合理的缺陷。国有施工企业甩掉历史的包袱后，遇到了行业持续的提速发展，加上企业加强了内部管理，开始有了较好的转机。随着国家经济增速的趋稳，民营企业竞争实力的不断增强，国有施工企业原本的体制机制的弱点还会显露出来，成为企业前进的障碍。

2. 产权改革不到位，缺乏追求投资收益最大化的动力。国有资产的监督管理虽然看起来严格，但国有产权收益的体现还不够清晰，国有产权委托人和收益人的角色体现的也不够明显。国有资产的所有者出让了国有资本运营的控制权，但掌握企业法人财产实际经营管理权的经营者，其权利和责任并不对等；企业经营管理层持股目前较少，不足以产生刺激企业资本增值的内生动力。因此，在一般情况下，企业的生产经营规模发展较快，而资本经营的效益和资本增值的速度较慢。

3. 现代企业制度运行不规范，企业营业收入利润率较低。企业在外表上都是较为规范的现代企业制度形式，但内部多数还在按承包制的机制在运行。众多分散的利益主体无形中分割了企业的经营收益，表现在企业层面的利润率过低，难以回应企业改制的初衷。

（二）产权关系改革的思考重点

1. 完善经营者持有的股权比例。

国有资产控股或相对控股的建筑施工企业，只要运行的比较顺利，就没有必要进行大的产权调整。为了进一步增进其他股权所有者对企业发展的关注度，可以适当扩大企业各级经营者入股的比例，尤其可以考虑由主要经营者持有相对多的股份，将企业经营人员的利益和企业的发展更紧密的捆在一起。企业经营者持有较多股权的依据是：第一，有限责任制是现代企业制度的重要特征，在国有资本控股或相对控股的情况下，掌握着企业法人财产实际经营管理权的经营者在实际投入部分资本的同时，必然会对企业资产增值承担相应的责任；第二，竞争类的建筑企业在吸引外部投资有限的情况下，终究是需要有个人的资本投入，以形成多元化的股权结构，来推动企业效益的最大化；第三，企业经过长期考验的经营管理者对企业和职工兼有特殊的责任与感情，是唯一能够既代表员工利益，又能代表国家利益的管理群体。

2. 企业资本要走向社会化。

中央提出国有企业要吸引外部投资，实现股权多元化的方向是正确的。国有大型施工企业无论从调整经营结构，扩大融资规模，还是从实现多元股权，活化企业经营机制方面来看，都需要走向社会，实现企业股本的社会化。企业资本不能仅限于国有和部分职工，而是更多的吸纳社会法人的资本金。吸引投资的对象应该是：国家或民间的投资类的非金融机构；与企业长期合作的产业链上有实力的企业；为推进工程总承包而长期合作的勘察、设计企业等。资本的社会化必然会带动企业发展新的跃进。

3. 积蓄资本能量，争取上市机会。

虽然多数国有企业上市的业绩平平，问题不少，但是企业上市仍然是融资发展的重要机遇。国有大型施工企业还是要做好上市前期条件和能量的准备。最主要的是实施集约经营，实行精细化管理，尽快提升企业的盈利能力，创造能吸引投资的实实在在的经营业绩；其次是重新调整企业内部的生产结构和资产结构，形成优质资产集合与高效率的经营管理机制，为整体或部分上市打好基础。

六、提倡鲁班精神，打造新时期产业工人队伍

随着我国"人口红利"逐步消失，建筑业农民工人数锐减；加之行业转型升级步伐加快，大力加强职业技能培训工作，培养、造就一批高技能人才，稳步提升建筑工人的整体素质，是建筑业转型发展的重要举措和必经之路。建筑产业工人队伍的建立被提上工作日程。2014 年，住房和城乡建设部出台的《关于进一步加强和完善建筑劳务管理工作的指导意见》中提出："施工总承包、专业承包企业应拥有一定数量的与其建立稳定劳动关系的骨干技术工人，或拥有独资或控股的施工劳务企业，推行实名制用工管理。"在新版（2014 版）《建筑业企业资质标准》中也明确提出，各级施工企业应具备相应技能水平、一定数量的技术工人。这些政策的出台，就是要逐步建立以施工总承包企业自有工人为骨干、专业承包企业自有工人为主体、劳务分包和劳务派遣为补充的多元化用工方式，构建有利于形成建筑产业工人队伍的长效机制。

建筑业是一个劳动密集型产业。在这样一个产业中，产业队伍，产业工人的素质、地位以及归属问题长期以来未得到有效的解决。在国家提出建立和谐劳动关系的今天，如何从市场决定资源配置的角度解决好这一问题，显得尤为迫切。

（一）建筑劳务分包中折射出的产业队伍问题

1. 准入门槛低，队伍素质良莠不齐。由于较长时间以来国家固定资产投资规模巨大，对建筑劳务量的需求一直居高不下，进入城市建设的务工人员几乎蜂拥而入。当前，新版（2014 版）《建筑业企业资质标准》对市场上劳务分包企业和总承包企业自建相应的技术工人有一定的要求，但地方行政主管部门在操作上很难对劳务企业的资质和技术工人的素质进行严格、准确的审查。

2. 企业管理不到位，劳务人员稳定性差。劳务企业和务工人员在项目上的聚合，其实是建筑业体制改革后新的尝试，双方共同成长与磨合之中。劳务人员也开始选择企业、项目、领头人甚至是服务的地区。比较好的劳务企业，其人员的流动率都在 20％ 以上，稍差的企业，很难做到基本队伍的稳定。这样造成的结果便是施工合同的失约、工程进度计划的落空及项目管理效率的降低。这里有劳务企业管理水平初级和不规范的问题，也有进城务工人员结构、文化理念发生改变的原因。

3. 收入增长刚性化，企业成本压力加大。由于经济全球化的影响，也因为市场经济的逐步成熟，劳动力价格在逐步攀升，一方面造成劳务企业的运营成本在加大，另一方面也造成总承包企业的劳务费用快速升高。

4. 社会保障措施滞后，难以形成稳定的产业储备。由于建筑从业人员流动性大，有的劳务公司不与劳务工人签订劳动合同，多数劳务企业都没有给劳务工人办理养老、失业、医疗、工伤等保险。工人上岗培训不足，生活条件简陋，工资还常常被拖欠，大量产业工人未进入保障状态。

（二）建筑行业在新阶段对劳务产业化的客观要求

劳务逐步成为卖方市场的现实与劳务队伍良莠不齐的局面同时存在，劳务分包已经成为行业发展中的一支重要力量。建立市场经济成熟阶段稳定、规范的建筑产业工人队伍既是产业健康发展的迫切需要，也是推进新型城镇化建设、建立和谐劳动关系、解决民生问题的现实要求。

1. 建筑劳务产业化是行业持续发展的必然要求。当前我国经济建设进入了新常态，加快城镇化建设的趋势以及中西部基础设施建设的发展都要求有强劲的建筑劳务队伍支撑。尤其是绿色和高科技施工时代的来临，对施工技术进步的要求、对工人队伍素质的要求越来越高。国家明确提出，要将提高劳动者的素质作为实现经济发展方式转变的重要环节。建筑产业科学、持续的发展必须要依靠一支现代化、有知识、有能力的产业工人队伍。

2. 建筑劳务产业化是建筑施工企业自身发展的迫切需要。农民工已经成为建筑施工的从业主体，占全部建筑从业人员的比例超过 70%，而建筑施工的整个过程，除去手工作业外，40% 以上的现场管理实际操控在劳务企业手里。总承包企业都希望与有信誉、素质高的劳务队伍长期配合，同时也在开始考虑重新建立内部高技能的工人队伍。劳务队伍的稳定化和产业化已经形成业内的共识。

3. 建筑劳务产业化是千百万农民工的共同心声。农民进城务工推进了城镇化的进程，城镇化的扩大又需要大批农民工加入进来。新生代农民工虽然身份是农民，但他们的生活习惯、思维方式同城里人已没有大的区别，他们期盼着用勤劳的双手建起的城市有自己生存和发展的空间。建筑劳务产业化，就是要使千百万农民通过素质的提高和自己的努力，稳定地在一个企业服务，并且有自己的地位和尊严。要真正使农民工有归属感，在城市安居乐业，成为城市的建设者和新主人。

4. 建筑劳务产业化是政府完善社会管理的基本职责。作为劳动密集型行业，建筑业吸纳了我国大部分的农村富余劳动人口。务工农民进城工作和生活已经成为城乡一体化的一个重大的社会问题。政府要责无旁贷地做好两件事情：一是提高劳动者的素质。劳动力成为稀缺资源，一方面是现代企业对人力资源需求层次在提升，另一方面也说明现有的进城务工人员素质亟待提高。这种提高，也包括当代年轻建筑工人职业道德水平和吃苦耐劳精神的提高。二是对新生代建筑工人的培训、教育和完善务工人员社会保障机制是政府部门和大型企业应该长期做的一项投入。它不是额外的付出，而是政府和企业归还历史的欠账、为和谐社会发展所做的长远储备。

（三）重塑建筑产业工人队伍的新秩序

建立新的建筑产业工人队伍，并不是要回到"两层分离"前的状态，而是要在市场决定资源配置的前提下，在建筑市场已经发展了的基础上，分级、逐步地建设和完善，使其符合建筑业优化升级的新要求、符合新的和谐劳动关系的新要求。

（1）突出大型企业的依托和引领，推动劳务组织专业化与附属化。大型建筑施工企业经过"两层分离"和"用工缺乏"两个阶段以后，都在思考如何建立企业稳定的劳务关系。要促进大型施工企业更多地吸纳有信誉的劳务企业与自己建立长期稳定的合作关系，同时还要培养和吸收一定数量专业性强、层次较高的技术工人直接进入企业，使其成为企业重要的人才资源。

（2）专业劳务企业要承担起凝聚和稳定劳务人员的主体责任。在总承包企业拥有必要数量技术工人的同时，市场上大量的、一般的劳务人员和队伍，应该相对稳定在相应的劳务企业中。从这个意义上讲，劳务企业是建立新的产业工人队伍新秩序、建立和谐劳动关系的关键部位。政府和协会要加强对劳务企业的政策引导和监管，通过建立规范的合同关系，开展信誉和品牌的评级等工作，使企业建立起对社会的责任，建立起与职工之间稳定的连接关系。

（3）设立专门的管理机构，加强对劳务企业的约束和引导。目前对劳务企业的管理是一个空白。总承包企业只管使用、政府部门只管准入，何况还有相当多的劳务队伍并没有依法注册。对劳务企业实施管理的部门可以是政府，也可以成立专门的协会组织，总之要有专门的机构和人员对企业的市场准入、信誉状况、业绩状况定期做出评判，进行约束和监管，有效地引导市场，激励先进、淘汰拙劣。

（4）发挥行业协会、专业院校和大企业的作用，加强对工人队伍的培训。普及职业培训是市场准入的必要通道。要依托大型企业和专业技术学校广泛地开展对务工人员的文化、技术、安全以及职业道德方面的教育与培训，以提高他们诚信从业的操守和专业技术水平，扩大他们的社会生存空间。

（5）建立劳务人员的社会保障机制，稳定产业工人队伍。建立新常态下建筑工人的社会保障，不是企业和社会的额外负担，而是产业成本中必须要负担的内容。政府相关部门应对务工人员的养老、失业、医疗、工伤等各项保险制定具有可操作性的制度安排，保障他们的合法权益。大型企业和劳务企业要承担起相应的经济责任，共同为建立和谐的劳动关系做好基础性的工作。

单元2 工程成本管理

第1节 标 前 阶 段

《中华人民共和国招标投标法》及《中华人民共和国招标投标法实施条例》规定，依法必须招标的工程建设项目必须采用招标方式发包，施工企业要获得招标工程建设项目的施工任务就必须通过竞争性的投标活动，为了做好投标工作，投标人应收集工程招标信息并对收集到的招标信息进行综合分析，作出科学的决策。

一、投标项目分析与决策

（一）投标项目分析

1. 获取招标信息

收集并跟踪项目招标信息是企业市场经营人员的重要工作，经营人员应建立广泛的信息网络，不仅要关注各招标机构发布的招标公告和公开发行的报刊、信息网络，还要建立与建设管理行政部门、建设单位、设计院、咨询机构的良好关系，以便尽早了解建设项目的信息，为项目投标工作早作准备。

工程项目投标活动中，需要收集招标项目多方面的信息，其主要内容可以概括为以下几个方面：

（1）业主方面

招标工程项目业主的性质、资金状况、业主的社会信誉、业主的资信情况、履约态度、支付能力，在其他项目上有无拖欠工程款或合同纠纷诉讼的情况，对实施的工程需求的迫切程度以及对工程的工期、质量、费用等方面的要求等。

（2）项目的自然环境

项目的自然环境主要包括：工程所在地的地理位置和地形、地貌，气象状况包括气温、湿度、主导风向、平均降水量，洪水、台风及其他自然灾害状况等。

（3）项目的市场环境

项目的市场环境主要包括：建筑材料、劳务、施工机械设备、燃料、动力、供水、供电和生活用品的供应情况、市场价格水平，还包括近年批发物价、零售物价指数以及对今后的价格变化趋势的预测；劳务市场情况，如工人技术水平、工资水平、有关劳动保护和福利待遇的规定等；金融市场情况，如银行贷款的难易程度以及银行利率等。

（4）项目的社会环境

投标人应当首先了解与项目有关的政治形势（对于国际工程尤为重要）国家政策等，即国家对该项目采取鼓励政策还是限制政策，环境保护法规，治安管理状况，同时还应了解在招标投标活动中以及在合同履行过程中有可能适用的法律、法规。

（5）竞争环境

在建设市场供求关系发生变化的情况下，充分了解竞争对手的情况，是投标活动中的一个重要环节，也是投标人参加投标能否获胜的重要因素，主要工作是分析竞争对手的实力和相对优势、在当地的社会信誉；了解对手对招标工程的迫切程度、以往投标报价的情况，与业主之间的人际关系。掌握竞争对手的情况以便同相权衡，从而分析自己取胜的可能性和制定相应的投标策略。

（6）项目方面的情况

工程项目方面的情况包括：招标项目的类型、规模、招标文件采用的评标、定标办法、合同条件、发包范围；工程采用的技术标准和对材料性能及工人技术水平的要求；总工期及分批竣工交付使用的要求；施工场地的地形、地质、地下水位、交通运输、给水排水、供电、通信条件的情况；工程项目资金来源；对购买材料、设备和雇佣工人有无限制条件；工程价款的支付方式；工程设计图纸的完整情况；监理工程师的资历、职业道德和工作作风等。

（7）投标人自身情况

投标人对自己内部情况、资料也应当进行归档管理，这类资料主要用于招标人要求的资格审查和对拟建工程项目成本预测，包括反映本单位的技术能力、管理水平、社会信誉、工程业绩、企业成本信息等各种资料，投标人目前的施工任务饱满程度。

（8）有关报价的参考资料

有关报价的参考资料如当地近期类似工程项目的施工方案、中标价格、实际工期、分包模式及实际成本等资料，同类已完工程的技术经济指标，本企业承担过类似工程项目的实际情况。

以上和工程项目相关的信息对于直接发包的工程项目，承包人也应在充分了解和分析以上信息的基础上，进行施工合同的洽商。

（二）投标决策

投标决策是企业经营活动中的重要环节，它关系到投标人能否中标及中标后的经济效益，所以应该引起高度重视。建设工程投标决策就是对收集到的招标项目的情况作出全面分析以后，一是对是否参加投标进行决策；二是对如何投标进行决策，对于如何编制科学、合理的投标文件及投标中可采用的相关策略见招投标及合同管理相关内容。

在获取招标信息后，承包商决定是否参加投标应综合考虑以下几个方面的情况：

（1）承包招标项目的可能性与可行性，即投标人相对于竞争对手是否有明显优势，是否能满足实施该项目的资金、是否能抽调出相应的管理力量、技术力量参加项目实施，是否有能力在合同工期内完成该承包项目；

（2）招标项目的可靠性，如项目审批及报建是否已经完成，建设资金是否已经落实等；

（3）招标项目的合同条件是否苛刻，例如：是否有垫资条件、是否压缩定额工期、是否需提交履约保证金、风险是否合理分担等；

（4）影响中标机会的内部、外部因素等；

(5) 招标项目所在地的资源协作条件；

(6) 合同价款计价方式及调整办法。

一般来说，凡有下列情况之一的工程项目，承包商应该放弃投标。

(1) 工程规模大、技术要求高、支付条件不理想，本企业承揽后完成该工程有一定难度的项目；

(2) 有特殊的专业工程要求而本企业经营能力并非专长的项目；

(3) 本企业目前的承包任务比较饱满，而招标工程的风险又较大的项目；

(4) 本企业技术等级、经营、施工管理水平明显不如竞争对手的项目；

(5) 合同条件载明需承包人垫资施工，本企业没有相应的资金实力；

(6) 招标文件采用的评标、定标办法为低价中标，本企业施工管理水平不高。

在选择工程投标项目时，只有综合考虑各方面因素后，才能作出正确的投标决策。

当选择工程投标项目时综合考虑各方面因素后，可用权数计分评价法、决策树法等方法进行选择，本教材介绍权数计分评价法。

权数计分评价法就是对影响决策的不同因素设定权重，对不同的招标工程的这些因素评分，最后加权平均得出总分，选择得分最高的招标项目进行投标。

表2.1-1通过权数计分评价法，可以对某一招标项目投标机会作出评价，即利用本公司过去的经验确定一个$\Sigma W \times C$值，例如0.6以上即可投标；若同时有若干个招标项目也可以利用该表对若干个项目进行评分，选择$\Sigma W \times C$值最高的项目作为重点，投入足够的投标资源。需要说明的是，选择投标项目时不能单纯看$\Sigma W \times C$值，还要分析权数大的指标有几个、分析重要指标的等级，如果太低，也是不宜投标。

权数计分评价法选择投标项目表　　　　表2.1-1

因素指标	权重 (W)	等级 (C)				指标得分 (W×C)
		好	较好	一般	较差	
管理条件	0.15		0.8			0.12
技术水平	0.15	1.0				0.15
机械设备实力	0.05	1.0				0.05
对风险的控制能力	0.15			0.6		0.09
实现工期的可能性	0.10			0.6		0.06
资金支付条件	0.10		0.8			0.08
与竞争对手实力比较	0.10				0.4	0.04
与竞争对手投标积极性比较	0.10		0.8			0.08
今后的机会	0.05				0.4	0.02
劳务和材料条件	0.05	1.0				0.05
Σ (W×C)						0.74

注：由企业投标专家及决策者按照对招标工程综合分析情况评分，各指标满分C值得1分，每降低一个等级减0.2分。

二、标前测算

招标投标是社会经济发展到一定阶段的产物，是市场经济条件下进行大宗货物的买卖，选择条件最优者的一种特殊的商品交易方式，在工程项目施工招标中，公开、公平、公正是其最基本的特征，现阶段我国工程施工招标大多数还是采用综合评审法确定中标人，随着建设市场的健康发展，市场环境的完善，各方行为愈来愈规范，工程施工招标必然会过渡为无标底招标，合理低价中标。如此一来，施工企业就不能按照传统的各工程建设主管部门或行业颁发的种类齐全的工程相应的（概）预算定额来编制具体工程项目施工投标报价，必须依据企业自身的情况编制，或对本工程项目进行成本测算，以便按"实际成本"加适度利润进行报价，当投标人经过决策，决定参加某工程项目的投标，投标人就必须在投标阶段测算完成该招标项目的成本。

（一）工程项目施工成本的含义及组成

按照建标（2013）44 号文规定，建筑安装工程费由人工费、材料费、施工机具使用费、企业管理费、规费、利润、税金（或按照现行建设工程量清单计价规范，建筑安装工程费由分部分项工程费、措施项目费、其他项目费、规费、税金）构成。工程施工项目成本是指某一施工项目在施工过程中所发生的全部施工费用的总和，具体包括所消耗的主要材料、构件、周转材料摊销、机械费和施工人员工资、奖金以及项目经理部为组织和管理工程所发生的全部费用支出。不包括劳动者为企业和社会创造的价值（利润和税金），也不包括不构成施工项目价值的一切非生产性支出，如违约金、赔偿金、滞纳金及借款利息等。

直接成本是指施工过程中耗费的构成工程实体或有助于工程实体形成的各项费用支出，是可以直接计入工程对象的费用。包括人工费、材料费、机械使用费和其他费用。间接成本也称间接费用，是指施工单位为组织和管理生产经营活动所发生的各种费用，包括管理人员的工资、奖金、职工福利费、工资津贴、折旧、修理、低值易耗品、水电费、办公费、差旅费和劳动保护费等。

（二）工程发承包阶段成本测算的重要性和作用

对于施工企业来讲，投标报价是工程投标中至关重要的一项工作，其成功与否关系到企业的生存发展，决定着企业的生死存亡。在工程投标中，成本测算是企业投标报价的基础，通过测算投标工程的合理成本，来确保最终报价的合理性。成本测算是在投标报价时，投标人根据工程的特点、施工条件、工期以及质量要求，结合企业运营（分包）模式等因素，预先对工程未来成本水平做出的科学估算。成本测算有助于减少决策的盲目性，使经营管理者易于选择最优方案，做出正确决策。若评标、定标办法为低价中标，如果成本价测算偏低，投标报价相应会降低，利润空间减少，甚至会产生亏损，相反，如果成本价测算偏高，投标报价相应会提高，缺少竞争力，则难以中标，因此，做好成本测算是投标决策者确定最终报价的最基础数据，对企业发展具有十分重要的意义。

成本测算可以全面了解工程项目的总体造价水平，为投标报价提供决策依据。准确了解工程总体造价是企业承揽项目的前提条件。通过项目成本测算，可以有效控制投标报价和预判企业赢利水平，避免出现盲目压低投标报价带来的施工风险，对照招标工程所采用的评标、定标办法，做出最合理的投标报价，取得中标机会。

　　成本预测也是企业中标后编制成本计划的基础，同时，通过已承揽工程项目竣工后的决算分析与对比，了解投标阶段的估算差距，为其他项目的成本测算提供参考资料。

　　（三）成本测算

　　施工项目成本预测是通过企业积累的成本信息和招标工程的具体情况，运用定量计算和定性分析的方法，对招标工程的施工成本作出科学的估算，此处所述的成本测算的目的是为企业投标报价提供基础资料。

　　1. 熟悉招标文件及设计图纸

　　企业成本测算人员首先应全面阅读并准确理解招标文件，分析影响成本测算的因素，尤其是招标文件中关于投标人承担风险的规定；其次应熟悉施工图纸，因为工程量清单是依据施工图纸按照工程量清单计价规范进行编制，招标工程均采用工程量清单计价模式，每一个清单项目的项目特征均有准确的描述，所包括的工程内容往往含多个现行消耗量定额分项的工作内容，每一个清单项目单价应为完成该清单项目一个计量单位所需耗费的人工费、材料费、机械使用费、管理费、利润及一定范围内的风险，是一个综合扩大单价。对工程项目建设地点、建筑规模、项目类型、质量标准、计价方式、中间计量原则有一个全面的了解；核对工程量清单有无漏项和重复；对照工期是否违反施工质量规定，或压缩了国家指导性工期，但又未提出赶工措施；招标单位的答疑文件是根据各个投标单位的澄清文件所涉及的内容作出的答复，是招标文件的重要组成部分，具有与招标文件同等的法律效力，也是施工阶段的计量的依据之一。

　　2. 施工方案技术经济对比

　　施工方案的优化对报价影响很大，承包商必须根据项目的特点研究切实可行的优化施工方案，其原则是：技术可行、安全可靠、工期保证、施工方便、费用经济，同时兼顾承包商现有的设备能力和资金情况，方案经技术经济比较后确定，成本预测以优化后的施工方案作为编制依据。

　　应根据招标文件、施工规范和技术要求，正确制定施工方案，选定的施工方案应体现合理的施工工艺，有效地组织材料供应和采购，均衡安排施工，合理利用人力资源，减少材料损耗。

　　3. 测算成本

　　根据成本测算对内容和期限不同，成本测算的方法有所不同，但基本上可以归纳为定性分析与定量分析两类。定性分析法是通过调查研究，利用直观资料，依靠个人经验的主观判断和综合分析能力，对工程项目成本进行预测的方法（也称直观法）；定量分析法是根据历史数据资料，应有数理统计的方法来预测工程项目成本的方法。一般包括"两点法"、"最小二乘法"、"专家预测法"。

　　本教材以工程量清单计价模式为例，介绍某工程项目标前成本测算。

　　招标人提供的部分工程量清单见表 2.1-2 和表 2.1-3。

工程量清单（一）　　　　　表 2.1-2

分部分项工程量清单

工程名称：×××49 号楼土建　　　专业：土建工程　　　　　第 1 页　共 1 页

序号	项目编码	项目名称	计量单位	工程数量
1	0101003003	挖基础土方 ［项目特征］ 1. 土壤类别：一类土、二类土 2. 挖土深度：6.50m 3. 弃土运距：外运 4. 钎探面积：1410m² 5. 清单挖土工程量按基坑开挖图计算 ［工程内容］ 1. 排地表水；2. 土方开挖；3. 基底钎探； 4. 运输	m³	13140.61
2	0302004016	填充墙【地下部分】外墙 ［项目特征］ 1. 砖品种、规格、强度等级：MUKP10 型多孔砖 2. 墙体厚度：250 3. 砂浆强度等级：M5 水泥砂浆 ［工程内容］ 1. 砂浆制作、运输；2. 砌砖；3. 勾缝； 4. 材料运输	m³	69.99
3	0401003004	满堂基础【地下部分】 ［项目特征］ 1. 混凝土强度等级：C30 2. 混凝土拌和料要求：商混凝土 ［工程内容］ 1. 混凝土制作、运输、浇筑、振捣、养护	m³	1605.93
4	0416001008	现浇混凝土钢筋 ［项目特征］ 钢筋规格：三级钢筋10 以外 ［工程内容］ 1. 钢筋（网、笼）制作、运输 2. 钢筋（网、笼）安装	t	236.23
5	0201002011	乳胶漆墙面【内 10】地下室楼梯间走道等 ［项目特征］ A 饰面： 1. 刮腻子，白色乳胶漆二道 B 基层： 1.6 厚 1：2.5 水泥砂浆抹面 2.10 厚 1：3 水泥、砂浆打底墙面先用水润湿，除去浮灰杂物 ［工程内容］ 1. 基层清理；2. 砂浆制作、运输； 3. 底层抹灰；4. 抹面层；5. 抹装饰面	m²	748.13

表 2.1-3

工程量清单（二）

措施项目清单

工程名称：×××49号楼土建　　　　　　专业：土建工程　　　　　　第1页　共1页

序号	项目名称	计量单位	工程数量
×	垂直运输机械、超高降效	项	1
⋮	⋮	⋮	⋮

注：招标文件规定的风险内容为主要材料的价格波动，风险幅度±5%。

由于招标工程均采用清单计价，清单计价均采用综合单价，成本测算时为了和清单计价采用的综合单价包括的费用内容一致，各分部分项工程测算的成本中也包括管理费和利润。

根据企业施工任务单和限额领料单统计分析，本企业材料消耗量较本地区现行消耗量定额材料消耗量节约率均按0.8%取定，材料、设备采购单价按企业长期合作的供应商询价；本企业劳务分包采用的模式为分工种发包，发包单价按企业劳务分包信息库单价确定；机械台班消耗量较本地区现行消耗量定额机械台班消耗量节约率均按12%取定，台班单价按企业机械设备租赁市场单价确定；计入综合单价中的风险按招标文件规定的内容，幅度结合主要材料采购合同关于价格变化的具体约定确定；分摊到各清单项目中的管理费费率、利润率均按2%确定。

挖基础土方分项依据清单项目特征描述主要有两项工作内容，一是土方挖运、二是基底普探，土方挖运清单工程量已考虑放坡工程量，按施工方案计算的施工坡道土方量为350m³，依据该招标工程所在区域，本企业近期土方工程分包的工程内容和价格测算土方挖运分包单价及普探分包单价，例如近期类似土方挖运分包单价为85元/m³，普探分包单价为2.80元/m²，该分项不计分风险费用，测算出该分项综合单价为：$[(13141+350) \times 85 + 1410 \times 2.8] \times (1+2\%) \times (1+2\%)/13141 = 91.10$ 元/m。

填充墙分项250厚KP1型多孔砖砌体劳务分包单价为78/m³元，该分项所消耗的材料由于市场供大于求，采购价格遇涨不调整遇降按实际价格供应（风险可不估算），KP1型砖650元/千块；预拌砂浆320元/m³，施工用水4.20/t，测算出该分项综合单价为：$[78 + (0.189 \times 320 + 0.34 \times 650 + 0.274 \times 4.2) \times 0.992] \times (1+2\%) \times (1+2\%) = 372.85$ 元/m³

满堂基础混凝土等级为C30P6商品混凝土，企业成本信息库满堂基础商品混凝土浇捣人工单价30元/m³，C30P6商品混凝土供应商询价为330元/m³，供应价随市场变化5%以内（含5%）不调整，即商混价格涨幅在5%以内的风险由商混供应商承担，测算出该分项综合单价为：$[30 + (1.005 \times 330 + 1.26 \times 4.2 + 0.71 \times 1.2) \times 0.992 + 1.36 \times 0.88] \times (1+2\%) \times (1+2\%) = 381.09$ 元/m³。

现浇构件钢筋为三级螺纹钢，企业成本信息库钢筋制作、安装人工单价560元/t（含扎丝、焊条），钢筋供应商询价为2200/t，但价格会按网价变化调整，钢材价格风险按5%确定，测算出该分项综合单价为：$[560 + 1.045 \times 2200(1+5\%) \times 0.992 + 114.32 \times 0.88] \times (1+2\%) \times (1+2\%) = 3178.67$ 元/t。

地下室楼梯间墙面为水泥砂浆抹灰、乳胶漆两遍，企业成本信息库水泥砂浆抹灰和抹灰面两遍乳胶漆人工单价分别为 7 元/m²、7.5 元/m²（含辅材），乳胶漆单价 6.5/kg，砂浆、水单价同砌体分项单价，采购价格遇涨不调整遇降按实际价格供应（风险可不估算），墙面抹灰刷乳胶漆综合单价为：$[7+7.5+(28.35\times6.5+0.693\times320+1.154\times320+0.73\times4.2)/100\times0.992]\times(1+2\%)\times(1+2\%)=23.12/m^2$。

措施项目垂直运输机械、超高降效，招标人提供的工程量清单计量单位为"项"，工程量为"1"，本工程建筑面积 22500.87m²、建筑高度 91.25m，合同工期 700 日历天，垂直运输技术方案为主体施工阶段采用一台 TC5613QTZ60 自升式塔吊，计划租赁时间 460 天，装饰施工阶段采用一台 SCD200 施工电梯，计划租赁时间 350 天，本企业设备租赁市场该型号塔吊租赁费 19000 元/月，施工电梯 21000 元/月，塔吊基础制作、破除单价为 55000 元，现场配备指挥人员 2 人，人均月工资按 3500 元估算，施工用电按租赁机械型号以 100kW·h/天估算，用电单价 0.65 元/(kW·h)，人工、机械降效已在人工单价和机械租赁单价中包括，超高降效在此无需再考虑增加成本，垂直运输机械、超高降效分项综合单价为：$(19000\times460/30+21000\times350/30+55000+3500\times700/30\times2+100\times0.65\times700)\times(1+2\%)\times(1+2\%)=832493.40$ 元。

测算结果填入表 2.1-4 和表 2.1-5 中。

综合单价分析表（一） 表 2.1-4

分部分项工程量清单综合单价分析表

工程名称：×××49 号楼土建 专业：土建工程　　　　　　　　　　第 1 页 共 1 页

序号	项目编码	项目名称	计量单位	工程数量	人工费	材料费	机械费	风险	管理费	利润	综合单价
1	0101003003	挖基础土方 ［项目特征］ 1. 土壤类别：一类土、二类土 2. 挖土深度：6.50m 3. 弃土运距：自行考虑 4. 钎探面积：1410m² 5. 清单挖土工程量按基坑开挖图计算 ［工程内容］ 1. 排地表水；2. 土方开挖；3. 基底钎探；4. 运输	m³	13141							91.10
2	0302004016	填充墙【地下部分】外墙 ［项目特征］ 1. 砖品种、规格、强度等级：KP1 型多孔砖 2. 墙体厚度：250 3. 砂浆强度等级：M5 预拌水泥砂浆 ［工程内容］ 1. 砂浆制作、运输；2. 砌砖；3. 勾缝；4. 材料运输	m³	69.99							372.85

序号	项目编码	项目名称	计量单位	工程数量	人工费	材料费	机械费	风险	管理费	利润	综合单价
3	0401003004	满堂基础【地下部分】 ［项目特征］ 1. 混凝土强度等级：C30P6 2. 混凝土拌和料要求：商混凝土 ［工程内容］ 混凝土制作、运输、浇筑、振捣、养护	m³	1605.9							381.09
4	0416001008	现浇混凝土钢筋 ［项目特征］ 钢筋规格：三级钢筋10以外 ［工程内容］ 1. 钢筋（网、笼）制作、运输 2. 钢筋（网、笼）安装	t	236.23							3178.67
5	20201002011	乳胶漆墙面【内10】地下室楼梯间走道等 ［项目特征］ A饰面： 刮腻子，白色乳胶漆二道 B基层： 6厚1：2.5水泥砂浆抹面 2.10厚1：3水泥、砂浆打底 墙面先用水润湿，除去浮灰杂物 ［工程内容］ 1. 基层清理； 2. 砂浆制作、运输；3. 底层抹灰；4. 抹面层；5. 抹装饰面	m²	748.13							23.12

综合单价分析表（二）　　　　　　表2.1-5

措施项目清单综合单价表

工程名称：×××49号楼土建　专业：土建工程　　　　　第1页 共1页

序号	项目名称	计量单位	工程数量	人工费	材料费	机械费	风险	管理费	利润	综合单价（元）
×	垂直运输机械、超高降效	项	1							832493.40

　　通过上述实例，成本测算人员在工程招投标阶段，按照设计图纸、招标文件及工程量清单，依据企业成本信息库数据估算出招标工程的成本。在估算出成本的基础上，结合对招标工程招标文件、设计图纸、竞争对手的全面分析，编制出科学、合理的投标报价。

第 2 节　开　工　阶　段

一、图纸审核

　　若企业中标，应安排项目经理牵头，会同技术总工、各专业施工员对实施项目设计图纸进行审核。先粗后细：就是先看平、立、剖面图，对整个工程的概况有一个轮廓的了解，对总的长、宽尺寸、轴线尺寸、标高、层高、总高有一个大体的了解。然后再看细部做法，核对总尺寸与细部尺寸，仔细阅读设计说明，设计说明中的施工工艺是否为目前实际施工中广泛采用的成熟工艺，对一些特殊的施工工艺施工单位能否做到，设计人员的设计是根据设计规范和类似工程设计经验进行的，并不一定符合施工现场情况，施工现场按照设计图纸中设计的做法，是否可以实现，对于设计图中不符合现场实际的情况提出合理性的建议给设计师，设计中是否满足实用功能，符合实用功能的要求。特别注意有存在安全隐患的工艺，一定要给设计师提出，图纸中的各个施工工艺是否符合国家标准规范，是否与设计说明对应，有没有存在矛盾的地方，选材利用是否合理，根据实际施工经验，有没有更好的施工方法和工艺，如果有，给设计师提出，在三方会审的时候共同进行确认，查看构件轴线位置标注是否明确，尺寸及尺寸界线是否清楚，尺寸是否有漏标的地方以及尺寸界线是否有不明确的地方，平面图、立面图、剖面图是否一一对应，优其剖面图是否详细、全面，对于图纸中所标注的材料，查看使用位置是否合理，材料的特性是否符合本工艺中的使用要求及年限，土建工程与安装工程相结合，核对与土建有关的安装图纸有无矛盾，预埋件、预留洞、槽的位置、尺寸是否一致，了解安装对土建的要求，以便考虑在施工中的协作问题，施工单位整理好所有图纸问题后进行记录，由业主单位、设计单位和施工单位共同研究与改善图纸中存在的问题与不足，商议施工单位所提出的建议，并将最终确定的方案记录在图纸会审记录表中，由三方代表人进行签字，并填写图纸会审确认单，作为施工单位施工及结算的依据。

　　通过图纸审核可以使承包人熟悉设计图纸、领会设计意图、掌握工程特点及难点，找出需要解决的技术难题并拟定解决方案，从而将因设计缺陷而存在的问题消灭在施工之前；通过图纸审核也可以使承包人优化施工方案、预判工程实施中可能的变更，在工程实施中及时调整成本计划。

　　若承包人能应用 BIM 技术，通过参数模型整合各种项目相关信息，对图纸的理解就会更全面和高效。

二、方案预控

　　实现项目的成本目标，企业应按以下原则进行控制。

1. 成本最低化原则。施工项目成本控制的根本目的，在于通过成本管理的各种手段，不断降低施工项目成本，以达到可能实现的最低目标成本的要求。在实行成本最低化原则时，应注意降低成本的可能性和实现合理的成本最低化。一方面挖掘各种降低成本的能力，采取各种措施使可能性变为现实；另一方面要从实际出发，以客观条件和现实的技术水平为依据，制定通过主观努力可能达到合理的最低成本水平。

2. 全面成本控制原则。全面成本管理是全企业、全员和全过程的管理，亦称"三全"管理。项目成本的全员控制有一个系统的实质性内容，包括各部门、各单位的责任网络和班组经济核算等，应防止成本控制人人有责却人人不管。项目成本的全过程控制要求成本控制工作要随着项目施工进展的各个阶段连续进行，既不能疏漏，又不能时紧时松，应使施工项目成本自始至终置于有效的控制之下。

3. 动态控制原则。施工项目是一次性的，成本控制应强调项目的中间控制，即动态控制，因为施工准备阶段的成本控制只是根据施工组织设计的具体内容确定成本目标、编制成本计划、制订成本控制的方案，为今后的成本控制作好准备。而竣工阶段的成本控制，由于成本盈亏已基本定局，即使发生了偏差，也已来不及纠正。

4. 目标管理原则。目标管理的内容包括：目标的设定和分解，目标的责任到位和执行，检查目标的执行结果，评价目标和修正目标，形成目标管理的计划、实施、检查、处理循环，即 PDCA 循环。

5. 责、权、利相结合的原则。在项目施工过程中，项目经理部各部门、各班组在肩负成本控制责任的同时，享有成本控制的权力，同时项目经理要对各部门、各班组在成本控制中的业绩进行定期的检查和考评，实行有奖有罚。只有真正做好责、权、利相结合的成本控制，才能收到预期的效果。

三、单价预控

成本测算中各生产要素单价均来源于企业成本库信息，在工程实施中要按成本测算采用的单价指导劳务合同、材料设备采购合同、机械设备采购合同的签订，公司要制定统一的劳务分包、材料、设备采购、机械租赁合同文本，公司可根据企业成本信息库给项目部下达各生产要素签订合同价的最高限价并实行合同金额在某一额度以上的合同审批程序。

劳务队伍的选定应采用招标方式确定，通过招标方式选定那些与企业长期合作，信誉良好、业务能力强、价格合理的施工队伍施工，合同条款约定一定要明确无误，尤其是涉及工程范围、内容、责任、质量标准、工期、安全、材料、设备消耗量标准、计量与支付、税费凭证等必须约定明确。

材料、设备采购应根据项目实际，结合市场行情，从上级管理单位发布《合格物质供应名录》中选择供应商，推行物质集中（区域）招标采购、战略采购、网上竞价采购；充分利用公司开发的电子商务平台开展物质采购业务，公司通过管理信息平台，定期发布指导价，定期更新信息，周转材料应优先考虑公司内部调剂、租赁；项目部物质（含周转材料）采购、租赁合同由项目部报公司审批后签订，实行集中审批、集中结算、集中支付。

施工机械购置必须根据公司相关办法实行集中招标采购；公司提供机械设备管理信息

平台，定期发布租赁指导价，实行内部调剂，内部资源不能满足项目需要时，提供外部集中租赁解决；租赁机械设备必须执行租赁合同评审制度，租赁合同经项目部领导和相关部门评审、会签，并报公司审批后签订，实行集中审批、集中结算、集中支付。

四、责任预算编制

（一）责任成本预算编制依据及原则

1. 编制依据：招投标文件、建设施工合同、施工图、企业指导价格体系、施工调查报告、《项目管理策划书》、实施性施工组织设计和施工方案、主要材料采购、周转材料租赁、机械设备租赁市场调查价、公司自有周转材料和机械设备折旧的有关规定等。

2. 数量确定原则：工程数量采用施工图数量、施工组织设计和施工方案确定的措施数量。工、料、机消耗量根据定额确定，定额缺项时，根据施工图和施工规范要求进行补充，结合现场实际进行调整。

3. 单价及各项费用确定原则

（1）工费

1）采用同地区同类型工费价格。

2）参考股份公司、集团公司劳务分包指导价及公司劳务分包限价计算。

（2）材料费

1）主材、地材价格，采用市场调查价格，集团公司或分公司集采价格，网上咨询价格。

2）周转材料的摊销，按照公司周转材料管理办法并结合市场租赁价格进行摊销。

（3）机械使用费

按照公司项目中心发布的劳务价格中所含的机械费用并结合市场租赁调查价确定。

（4）其他直接费

按照施工组织设计方案，在施工过程中必须增加或发生的费用，据实测算。

（5）项目部管理费

1）指项目部为组织和管理生产经营所发生的各项费用，包含：职工薪酬、办公费、差旅费、通信费、交通工具费、经营费（业务招待费）其他费用。

2）按照股份公司、集团公司发布的定编定员和管理费标准计算。

（6）规费、税金

1）规费：按照项目所在地规定计取。

2）税金：按工程所在地及国家规定计算，具体取费标准按照建设施工合同执行。

责任成本预算编制应填写相应责任成本预算编制明细表。

（二）责任成本预算由公司成本管理部会同项目部进行编制，编制完成后，报经公司分管领导审批。以责任成本预算、目标利润率的形式测算下达执行。目标利润率的计算公式为：

$$目标利润＝项目合同收入－责任成本预算$$

$$目标利润率（\%）＝目标利润/项目合同收入×100\%$$

$$责任成本节超＝责任成本预算－实际成本$$

项目责任成本预算经审批确认后，即作为项目的初始预计合同总成本，新中标项目按照程序必须在二个月内完成责任成本预算及《工程项目管理目标责任书》的签订工作。

（三）责任成本预算的调整

责任成本预算经公司下达后，原则上不予调整，对于因图纸不全、重大技术变更或其他确需调整等的客观因素，项目部应对拟调整的责任成本预算进行详细的测算和分析，上报公司审查批准。

五、效益策划

责任预算编制完成后，形成项目目标总成本，要确保把工程成本费用控制在目标总成本之内，把施工管理和成本管理融为一体，就必须要建立一个完善而强有力的组织保证体系。成立以项目经理为组长，总工程师为副组长，财务、施技、物资、计划、综合办公室人员参加的工程成本核算领导小组，并根据其责任建立相应的制度。随着项目施工情况的变化，还要对工程成本管理保证体系进行相应的调整和完善。同时施工队也要成立以施工队长为首的目标成本管理领导小组，主要工作包括以下几方面：

1. 编制合理、科学的施工组织设计，降低工程造价

编制一个合理易行、科学的施工组织设计，对降低工程成本至关重要，工程开工之前，由项目总工协同公司工程管理部，结合工程的实际情况和设计特点，反复研究施工组织设计方案，经公司或外聘专家进行论证，最终定稿，制定成可行性文本，以供执行，考虑工程实际中的不可预见性，边施工边优化，不断充实完善，使之更好地指导施工。

2. 劳务管理，降低人工费用

建筑施工企业属于劳动密集型企业，人工费支出占工程支出 20％左右，选择最佳劳务分包模式，转换管理理念，以劳务分包限价为指导，严格按劳务合同合理使用劳务，调动劳务人员积极性，是降低工程成本，获取最佳效益的重要途径。

3. 物资管理，降低材料费用

施工材料支出占工程支出 60％左右，抓好工程物资管理是降低成本的重要环节，物资采购要根据"比质量、比价格、比运距"的原则，详细掌握地方材料资源，根据现场施工进度，及时正确地编制材料采购计划，尽量就地取材采购或招标采购，要合理组织运输，选择最经济的运输方式和运输工具，减少中间环节、降低材料采购费用，要建立科学合理的内部供料制度，加强料具管理，制定料具的储备定额，严格执行材料消耗定额，按定额发料，保证材料适时、适地、按质、按量的供应，要健全材料的收发、领退和定期盘点制度，搞好施工现场和仓库的材料管理，做好材料的使用和分析，要加强平衡调度，搞好配套供应，减少材料积压，做到既能保证满足现场需要，又节约储备资金和保管费用，在抓好材料购、管、发各环节的同时，还要采取有力措施，防止材料的丢、损、盗以减少损失。

4. 定额管理，降低窝工费用

要合理编制施工预算，做好工、料分析，及时提供工程耗用工、料的限额，提供工程

变更、意外工程索赔的数量，要周密编制施工进度计划，加强施工调度，做好已完或未完工程施工的记录，及时提供其预算成本，施工班组要严格按施工进度计划安排施工任务，按当月完成产值计发工资、奖金，选择经济合理、技术先进的施工方案，采用先进的劳动组合形式，均衡和交叉作业，提高劳动生产率，尽可能地避免窝工现象，以降低工程成本费用。

5. 质量管理，减少返工费用

项目部应按照行业和企业标准要求，建立完善的质量保证体系，施工技术管理人员要制订降低工程成本的技术组织措施，严格检查其执行情况，在项目部设专职质检工程师，工程队和工程班组设质量检查员，坚持每月组织相关人员对工程质量进行检查评比，把检查评比同工程计价结合起来，要通过查资料，看现场，评定打分，使工程质量从技术上、行政上、经济上得到保证，在整个施工过程中，要进行全员质量意识教育，积极推行全面质量管理，使人人关心、重视工程质量，强化质量标准意识，自觉严格按工艺标准和操作规程办事，加强施工过程中的中间检查和技术复检，搞好质量控制，使每一道工序，每一个环节都确保工程质量，做到一次达标创优，尽量减少或避免返工损失。

6. 机械管理，降低使用费用

采用先进的机械设备，提高机械使用效率，降低能耗，增加收益。本着"技术上先进、经济上合理、施工上适用"的原则，有计划、有选择地购置或租赁机械设备，逐步淘汰老、旧设备。建立健全机械设备使用和管理规章制度，教育机械管理人员和司机，提高操作技术水平，严格按操作规程办事，克服重使用、轻维修的思想，切实搞好机械设备的保养和维修。不断提高机械设备的完好率和利用率，执行机械设备的台班定额和消耗定额，搞好机械设备的运转记录、台时记录和单机核算，坚持机械设备定期保养、定期检查制度，每半年机械司机进行一次技术考核的技术等级评定，对司机因操作不当造成机械设备损坏的，在进行批评教育的同时，还要进行经济处罚，从而有效地调动职工学机械、学技术的积极性，充分发挥机械、设备的效能。

7. 开源节流，降低间接费用

工程间接费用和管理费用项目多，涉及面广，如控制不严，很容易造成损失浪费，增加工程成本，项目部应采取计划管理，定额控制，指标分管，归口包干的办法，严格控制各项非生产性费用开支，对于招待费、办公用品费的开支要从严掌握，对施工过程中所需用的各种临时设施，应尽量利用建设单位所提供的现场已有的各种临时设施，确属需要搭建的也要根据需要合理从简搭建，并及时拆除不需要和报废的临时设施，做好残料的回收，以减少损失。

8. 施工现场安全管理，杜绝伤亡事故的发生

建立以项目经理为组长，项目副经理为副组长，包括专职安全员及各专业队长在内的安全管理领导小组。形成纵向到边，管成线，群管成网的安全管理网络，狠抓安全教育，增强施工人员的安全意识。由专职安全员在每个分项工程施工前进行书面安全技术交底，每周召集施工人员召开安全教育会。学习各项有关安全工作的法律法规，比如学习《建筑法》《劳动法》以及住房和城乡建设部有关安全作业的各项规程。并结合典型安全事故实例进行分析，把外事当家事，做到警钟长鸣，制定各项安全生产管理制度，如工程例会制

度、文明施工管理规定、安全生产检查制度、安全奖惩制度、施工用电操作规程、领导值班巡视制度、卫生检查评比制度等，形成以安全无事故为目标，以经济为杠杆，以规章制度为准则，以标准化作业为重点，以人的要素为根本的全员、全过程、全方位的管理模式，对"三宝"、"四口"、"五临边"采取有效的防护措施，确保施工人员的人身安全，杜绝伤亡事故发生。

9. 加强合同管理，做好签证和索赔工作

工程施工中项目部合同管理人员应对工程实施中各阶段可能发生的变更及变更引起的费用调整有预判，按照合同约定的程序和办法向业主递交费用调整报告，对合同履行中的责任事件或合同履行过程中非本方的原因引起的施工成本增加，应及时办理工程签证或索赔报告，以确保已支出费用的平衡。

第 3 节　施工阶段成本管理实务

一、成本管理术语和定义

1. 标价分离

按照一定的方式将中标价（合同价）与标准成本实现分离的过程。"标"是指自行完成部分中标价（合同价），"价"是指标准成本。

2. 标准成本

在既定的市场环境下，根据企业管理水平和管理特点，按企业费用支出标准，资源市场价格信息和工程实际情况，测算的项目各项费用支出总额。

3. 施工项目成本

是指在建设工程项目的施工过程中所发生的全部生产费用的总和，包括消耗的原材料、辅助材料、构配件等费用，周转材料的摊销费或租赁费，施工机具的使用费或租赁费，支付给生产工人的工资、奖金、工资性质的津贴等以及进行施工组织与管理所发生的全部费用支出。

4. 成本科目

成本科目的划分和设置是为成本核算服务的，应基于成本核算体系和规则。建筑施工会计科目为：

工程施工人工费、材料费、机械使用费、其他直接费、分包工程费、间接费、规费、税金。

5. 人工费

是指按工资总额构成规定，支付给从事建筑安装工程施工的生产工人的各种费用。内容包括：计时工资或计价工资、奖金、津贴补贴、加班加点工资、特殊情况下支付的工资。

6. 材料费

施工过程中耗用并构成工程实体的原材料、辅助材料、构配件、零件及半成品工程设备的费用。内容包括材料原价、运杂费、运输损耗费、采购及保管费。

7. 施工机具使用费

是指施工作业所发生的施工机械、仪器仪表使用费或租赁费。施工机械使用费：是以施工机械台班消耗量乘以施工机械台班单价表示。施工机械台班单价内容由折旧费、大修费、经常修理费、安拆费及场外运输费、人工费、燃料动力费、税费组成。仪器仪表使用费，是指施工所需要的仪器仪表的摊销及维修费。

8. 其他直接费

直接费以外施工过程中发生的其他费用，比如材料二次搬运费、工程水费、环境保护费、临时设施摊销等。

9. 分包工程费用

在实际的施工项目成本科目中，往往有分包工程这个科目，这一点不同于一般的工业企业，因为现在的项目往往有部分工程以包工包料的方式交给外部厂商来做，项目部对这部分的工程费用不再按照人工、材料、机械、其他直接费、间接费用来核算，而是将其作为一个整体费用单独核算。

10. 间接费用

是指建筑安装企业组织施工生产和经营管理所需的费用，内容包括：管理人员工资、办公费、差旅交通费、固定资产使用费、工具用具使用费，劳动保险和职工福利费、劳动保险费、工会经费、职工教育经费、财产保险费、财务费、税金和其他。

11. 责任成本

以项目实现履约为前提，依据项目标准成本，经法人单位和项目部协商一致确认的由项目部控制的成本总额。

12. 成本计划

是指根据计划期内的各种消耗定额和费用预算以及有关资料预先计算的成本。

13. 商务策划

在保证合同履约的情况下，对项目从合同文件、资源配置等方面进行收入与成本的对比分析、确定盈利点、亏损点与风险点，结合技术和生产等环节，制定开源节流、化解风险的实施方案，并根据工程与市场变化动态调整。

二、二次经营策划及方案二次优化

（一）策划内容

1. 成本对比分析：将合同预算收入与目标责任成本进行对比分析，重点分析投标清单的盈利子目、亏损子目、量差子目。

2. 施工方案的经济分析：将投标方案与实施方案对比分析，结合经济技术分析，选择适合该工程的方案。

3. 分包商的策划：发包人指定的分包商或专业分包商的资格评审、招投标、沟通谈判效益等沟通。

4. 现场成本控制：重点控制工程量、材料的损耗量、零星用工量、三钢材料及机械设备的及时停租、退租等方面。

5. 合同中风险的识别：要针对合同中的主要条款进行识别、分析和策划。主要包括：

工程质量、安全、工期、造价、付款、结算、维修等，制定风险应对的风险政策和目标，最关键的是要落实到责任人。

6. 签证索赔的策划：要结合合同风险、投标清单识别项目潜在的盈利点、亏损点、索赔点进行分析，围绕经济与技术紧密结合的原则展开工作，如深化设计、通过合同价款的调整与确认、认质认价的报批以及签证等方式进行策划。

7. 法律风险和防范策划：要考虑项目本身及各相关方有关的过程文件的合法性、有效性，注意合同风险的前期预控、履约过程中的规范性等进行策划。

（二）策划实施工作程序

1. 工程项目进场 30 日内，造价主管部门对中标项目在招标时及在施工过程中有可能发生签证及索赔项目给项目部进行二次经营策划。

2. 项目经理根据策划内容并结合现场实际按项目岗位职责进行分解到岗位责任书中，由项目负责对其实施。

3. 项目部负责对策划实施全过程动态管理，当外部条件等发生变化需要调整时，及时调整原策划，并做好记录。

4. 项目部每月对当期完成策划情况进行检查总结，对于未按期完成的签证项目，分析原因，策划实施重点及相应调整措施，制定下月的计划。

5. 项目合同管理人员根据工程进展情况，结合策划记录，做好工程签证及索赔资料的办理、整编工作。

6. 造价管理部门视工程进展情况前往项目检查督导二次经营策划具体工作内容的办理情况。

（三）策划实施相关依据文件

1. 二次经营策划流程

2. 工程项目施工合同

3. 工程项目招投标文件

4. 施工图纸

（四）二次经营策划工作成果文件模板（表 2.3-1 和表 2.3-2）

二次经营策划书   表 2.3-1

序号	策划内容	单位	投标情况	策划目标	拟采取措施	责任人	拟实施时间
1	认质认价部分						
2	现场签证部分						
3	索赔部分						
4	深化二次设计及科技创效部分						
5	总包服务费						
	……						

二次经营策划交底记录表 表 2.3-2

项目名称			中标时间		
发包方			合同价款		
承包方式		开工时间		竣工时间	
项目经理		联系电话		交底时间	
商务经理		联系电话			
参加人员					
交底内容及责任人					
接收人签字					

（五）一般土建工程常见的预见性二次经营策划内容

1. 土石方工程

（1）进场条件"三通一平"是否具备；

（2）自然地坪标高与图纸描述是否一致，实际挖土采用机械是否与清单表述一致；

（3）所挖土质是否与招标资料表述一致，如所挖土方土质与招标文件不相同，护坡、放坡费用的增加、挖土费用的增加；

（4）土方开挖倒运距离是否与招标清单描述一致；

（5）业主交坑工程应有详细的上下槽口记录；

（6）业主交坑工程要有槽底平整度记录；

（7）问题坑处理，有挖、填、倒运（包括：挖土和填土的倒运）工程量，土方是否外运外购；

（8）业主交坑有基坑支护时，应在收槽纪录中对基坑支护详细说清楚（注明支护由业主做，支护接收时的实际情况）；

（9）土方回填运距（如有基础灰土换垫：有两次倒运，一次土源中心至灰土筛土机，再从灰土筛土机至基坑）；

（10）如挖土时实际室外标高低于设计标高，应有室外填土范围记录；

（11）土方外运、外购的记录；

（12）工程量增加的工期索赔；

（13）因条件变化，施工工艺变化引起的工期、费用增加；

（14）其他不在招标投标范围内的工程量变化引起的工期、费用的索赔；

（15）挖土工程中出现流砂、土方坍塌、淤泥时的现场签证；

（16）清单描述施工方法与实际施工方法不一致时，发生的工期，费用的索赔签证；

（17）业主、监理的口头指令错误引起的返工工期、费用的增加；

（18）冻土开挖的深度变化。

2. 桩基部分

（1）业主另行发包施工的桩基，交接时应有详细的记录（每根桩的标高、质量）凿桩、补桩问题签证；

（2）泥浆护壁桩基工程的泥浆制作、泥浆池开挖和砌筑，泥浆外运工程量的计算方法及单价；

(3) 灌注混凝土桩每根桩的实际灌注量详细记录，实际灌注量签证；

(4) 基坑支护形式是否有变化；

(5) 成孔方式改变引起的相关签证；

(6) 桩头防水做法有关签证；

(7) 业主分包桩基总包服务费用。

3. 砖石部分

(1) 材料种类，厚度，砂浆强度等级，工程量核对；

(2) 与清单描述或与蓝图不符或增减；

(3) 漏项部分；

(4) 如有综合单价低于市场价的，是否可以考虑材料串换；

(5) 材料使用规格变化，引起的砂浆、工日的变化；

(6) 零星砌体的界定范围是否合理；

(7) 砌体内加筋的制作、安装是否并入第四章编码；

(8) 砌体材料涨价是否在合同约定的范围之内；

(9) 材料涨价是否在风险范围之内，政府性调价应由业主承担；

(10) 是否由于业主原因，开工推迟其他延误工期因素导致砌体施工时间推后而引起的材料涨价，此涨价应由业主承担。

4. 混凝土及钢筋混凝土工程

(1) 混凝土强度等级、拌合物、掺加剂是否有变化；

(2) 截面尺寸、厚度；

(3) 散水、坡道、垫层材料种类；

(4) 电缆沟、地沟做法是否发生变化；

(5) 后浇带的混凝土强度等级是否正确；

(6) 钢筋种类、品牌是否发生变化，业主若认质就应该有新的认价；

(7) 商品混凝土施工过程中业主是否认品牌，认价；

(8) 措施钢筋（图纸设计没有而要用于工程的钢筋）：如：固定位置的支撑钢筋、双层钢筋用的铁马、伸出构件的锚固钢筋、预制构件的吊钩钢件有详细有效的可结算的资料；

(9) 混凝土垫层是否包含在基础项目工作内容内；

(10) 材料的价格上涨是否在合同约定范围内；

(11) 是否由于业主原因，开工推迟其他延误工期因素导致施工时间推后而引起的材料涨价，此涨价应由业主承担、尤其是钢筋、商品混凝土，应注意按照投标时施工组织设计详细对比各时间段的材料价格波动；

(12) 是否因现场施工条件变化而引起费用的增加或工期的延误；

(13) 设计使用 $\Phi6$ 钢筋，实际施工采用 $\Phi6.5$ 钢筋，注意理论重量的换算；

(14) 变更新增钢筋混凝土构件时，注意要增加植筋费用；

(15) 混凝土认价时注意考虑冬季施工要增加外加剂的费用。

5. 楼地面工程

（1）当面层材料的品种、品牌、规格、颜色发上变化时，注意材料消耗量及认价问题；

（2）垫层种类、厚度发生变化时，注意原投标清单综合单价是否满足问题；

（3）找平层结合层厚度、砂浆配合比在施工时向地漏、雨水落水口找坡百分比发生变化的组价问题；

（4）防水层材料品种、品牌、厚度、做法，特别注意防水材料的实际上翻高度的变化；

（5）踢脚线材料、高度与清单是否一致；

（6）楼梯、扶手栏杆，栏板材料品种、规格、品牌、颜色作法，油漆品种、刷漆遍数；

（7）防护材料种类；

（8）材料串换；

（9）发包人供材，供应滞后引起的工期及费用增加。

6. 屋面及防水保温隔热工程

（1）找平层配合比、厚度是否与清单表述一致；

（2）清单量的增减、漏项；

（3）防水材料品种、规格、品牌、做法（认质需认价）；

（4）面层材料的品种、规格、品牌（认质需认价）；

（5）防水材料的上翻高度；

（6）变形缝部位、材料、厚度、品牌；

（7）材料串换。

7. 墙柱面工程

（1）底层、面层厚度、砂浆配合比是否有变化；

（2）装饰面材料种类、品牌；

（3）墙面梁柱面材料品种、规格、品牌、颜色；

（4）挂贴方式，龙骨材料种类、要求；

（5）油漆品种、遍数；

（6）外墙涂料、油漆等装饰面层工程部位的确定（空调板、装饰带、栏板内侧等）；

（7）不同材质面粉刷时按设计要求的钢丝网抗裂缝；

（8）墙面整体装饰面层如涂料、油漆复量时应计入门窗洞口侧面部位。

8. 天棚工程

（1）基层材料种类、规格；

（2）面层材料品种、规格、品牌、颜色；

（3）吊顶形式、材料种类；

（4）龙骨类型、材料种类、规格、中距；

（5）嵌缝材料，防护材料种类；

（6）油漆品种、遍数。

9. 其他

（1）变更签证的养老保险费用；

（2）总分包管理费用（三种费用：即配合费、管理费、资源使用费）；

（3）清单描述与图纸施工是否相符；

（4）地材（砖、瓦、灰、砂、石）当地农民采供，单价差费用；

（5）施工中采用全钢大模板、多层板（竹胶板）混凝土面达到清水，即不用按设计抹灰，已满足使用要求，施工过程办理相关资料；

（6）材料的复试验费用（新结构、新材料的试验费和建设单位对具有出厂合格证明的材料进行检验，对构件做破坏性试验及其他特殊要求检验试验的费用）；

（7）桩基检测费用（建标〔2013〕44号文在企业管理费中，目前陕西省还未调整）；

（8）袋装白灰签证；

（9）地基承载力检测（建标〔2013〕44号文在企业管理费中，目前陕西省还未调整）；

（10）钢筋箍筋检测费用（建标〔2013〕44号文在企业管理费中，目前陕西省还未调整）；

（11）外墙面砖拉拔试验费用（建标〔2013〕44号文在企业管理费中，目前陕西省还未调整）；

（12）水、电费用（无规定时，可按实际量及价结算）；

（13）铝合金、塑钢窗设计没有窗台板，现场如果做，办理相关资料；

（14）主体结构现场检测费用（参见建设部141号令）；

（15）机械费风险08规范约定控制在10%以内；

（16）合同内工作内容业主变更减少时，只能在含税工程造价中核减掉此部分的合价，管理费、利润、措施费用及规费等等不应扣除（2013规则计价项目）；

（17）工程付款方面，保存收款单据，对未按合同约定付款的按银行贷款利息计取应付款的贷款利息；

（18）施工期间政府相关的调价文件；

（19）工程临近动力设备、输电线路、地下管道、密封防震车间、易燃易爆地段、建（构）筑物以及临街交通要道施工，按规定采取防护措施，防护费用由发包人承担；

（20）实施爆破，在放射、毒害性环境中施工及使用毒害性、腐蚀性物品施工时，安全防护费用发包人承担；

（21）塔吊防碰撞费用；

（22）甲供材保管费用见建标〔2013〕44号文（材料费包括：材料原价、材料运杂费、运输损耗费、采购及保管费、工程设备）；

（23）烟道认价（注意考虑后期吊洞费用，按每米确认单价，并要折算防火止回阀的价格另行认价）；

（24）面砖（墙、地砖）排砖图，须经监理、甲方签字确认，计算材料实际损耗超过定额消耗部分的材料费用；

（25）外墙外保温施工范围经业主、监理确认签字，注明如窗洞口及其他变化的断面尺寸；

（26）钢筋方案中注明≤12 的竖向钢筋采用搭接；

（27）塔吊防碰撞系统的看护系统人工费（按月工资签证）；

（28）现场发生零工，如合同中未约定零星用工单价，或约定单价过低，在办理签证时要注意技巧，或直接包干，或加大工日数；

（29）甲方独立发包的装饰项目，总包单位可办理成品保护费的签证；

（30）现场因客观原因使用发电机应办理发电机台班签证；

（31）沉降观测点的埋设若为承包商代甲方埋置，则可办理签证；

（32）如果在剪力墙外墙大模板对拉螺栓孔处增加涂膜防水，可按点确认单价，办理签证；

（33）业主超国家验收标准办理工作联系单。

（六）安装工程常见的预见性二次经营策划内容

1. 合同、招标文件及其他共性问题

（1）清单计算范围是否与合同承包范围存在不一致；

（2）合同对材料市场价波动调整是否有约定；

（3）合同对政策性调价文件是否有约定；

（4）主材设备品牌是否会更换；

（5）是否有暂定价材料；

（6）建筑层数或建筑总高度是否有可能变化。

2. 室内管道安装

（1）连接方式描述是否有误；

（2）管道材质是否与设计图纸存在不一致；

（3）管道防腐保温描述是否与设计图纸存在不一致；

（4）套管类型是否有误；

（5）阻火圈是否未描述；

（6）安装于管井的管道未描述其安装位置；

（7）管道冲洗、压力试验是否未描述。

3. 室外管道工程

（1）管道材质是否与设计图纸存在不一致；

（2）连接方式描述是否有误；

（3）管道土方、垫层是否未描述或在土建专业也未列项，列项是否有误。

4. 阀门工程

（1）阀门名称与型号描述与设计图纸存在不一致；

（2）清单描述名称型号是否与设计图纸存在不一致；

（3）连接方式描述是否有误；

（4）描述是否未含法兰安装。

5. 法兰

（1）材质描述是否有误；

（2）配套螺栓是否未描述；

(3) 连接方式是否有误。

6. 水表、减压器

(1) 材质、型号描述是否与设计图纸存在不一致；

(2) 成组安装时描述的组成是否与设计图纸或标准图集存在不一致；

(3) 连接方式是否有误。

7. 卫生器具

清单描述品牌及型号是否与建设单位要求使用型号存在不一致。

8. 暖气片

清单描述材质及型号是否有误与建设单位要求采购型号存在不一致。

9. 水箱

清单描述材质是否与设计图纸存在不一致。

10. 配电柜

(1) 落地配电柜基础槽钢是否未描述；

(2) 配电箱箱体尺寸描述是否有误或有变化；

(3) 压铜接线端子及端子板接线是否未描述。

11. 滑触线

(1) 材质型号是否与设计图纸存在不一致；

(2) 支架是否未描述。

12. 电缆

(1) 电缆名称型号描述是否与设计图纸存在不一致；

(2) 室外电缆铺砂盖砖是否漏项；

(3) 竖井电缆是否未单独列项；

(4) 电缆头制安是否未描述。

13. 桥架

(1) 材质描述与设计图纸是否存在不一致；

(2) 支撑架制安是否未描述。

14. 防雷接地

(1) 清单描述做法或工程量是否有误；

(2) 接地装置测试是否漏项。

15. 配管

(1) 配管材质是否与设计图纸存在不一致；

(2) 配管方式是否与设计图纸存在不一致；

(3) 接线盒、开关盒及过路箱盒是否未描述。

16. 穿线

(1) 电线的材质型号描述是否正确；

(2) 穿线方式描述是否正确。

17. 灯具

(1) 名称型号是否与设计图纸存在不一致；

（2）安装方式描述是否有误。

18. 风机

（1）名称型号描述是否与设计图纸存在不一致；

（2）软接头制安是否未描述；

（3）吊支架制安是否未描述。

19. 风管

（1）材质及厚度描述是否与设计图纸或规范存在不一致；

（2）连接方式描述是否有误；

（3）法兰加固框除锈刷油是否未描述。

20. 泵类

（1）名称型号及各种参数描述是否与设计图纸存在不一致；

（2）新增或漏项清单，组价时可能发生的费用；

（3）超高费用、主体结构系数、高层建筑增加费、脚手架搭拆费；

（4）管廊系数各种调试费用；

（5）是否存在因建设单位原因造成停工、窝工；

（6）是否存在因建设单位原因造成的工期延误；

（7）是否存在因建设单位原因造成的工期延误而造成的材料上涨。

三、工程量复核

（一）复量内容

完成合同约定承包范围内的工作内容的复核。

（二）复量实施工作程序

1. 项目经理或商务经理组织项目部全体管理人员，对投标情况及施工合同进行二次交底。

2. 专职造价人员根据承包范围的施工图纸仔细核对工程量，与招标清单对比偏差，填报《工程量清单差异分析表》和《招标工程量清单漏项表》；

3. 项目商务经理或专职造价人员将主管部门审核过得《工程量清单量差异分析表》和《招标工程量清单漏项表》及时报送发包人代表或总监理工程师。

4. 项目经理组织项目部全体管理人员根据《工程量清单量差异分析表》和《招标工程量清单漏项表》拟定对策。

5. 依照招标文件约定我方应及时报送《工程量清单量差异表》和《招标工程量清单漏项表》，若发包人、监理人在约定时间内或逾期未确认或提出修改意见，应在工期或费用补偿报告中明确视为对方已批准、确认。

（三）工程量复核相关依据文件

1. 投标文件交底记录表

2. 工程项目施工合同

3. 工程项目招标、投标文件

4. 施工图纸

（四）工程量复核成果文件模板（表 2.3-3～表 2.3-6）

工程项目合同交底　　　　　　　　　　　　　　　　　　表 2.3-3

交底日期：	交底地点：

工程具体内容及概况（承包范围、质量、工期等）：

发包人及项目背景情况

合同洽谈过程中考虑的主要风险和双方洽商的焦点以及洽商结果：

合同订立前的评审过程中提出的主要问题或建议，特别是评审报告中明确要求进行调整或修改、但经洽商扔未能调整或修改的条款：

发包人名称：

（发包人现场代表姓名、电子邮箱、职权及授权书）

监理单位名称：

（总监理工程师、监理工程师姓名、电子邮箱、职权及授权书）

发包人应完成的工作情况：（三通一平及时间；地质资料、地下管线、水准点、坐标控制交验点、设计（图纸会审）交底时间；场地及周围管线建筑物等要求时间）

承包人应完成的工作情况：

（提交计划、报表名称、份数及时间）

施工的重点难点、新技术、新材料：

采用的投标策略、投标报价时分析、预计的主要盈亏点（报价策略、取费依据及标准、材料价格的来源、优惠幅度等）

工程量的确认及工程款的支付时间（报、审需复具体时间）

合同价款支付方式：（有无垫资或预付款）

工程变更的相应情况：

工程签证索赔程序：

竣工验收：（提供竣工资料要求及份数）

竣工结算：（结算报告的提交、审定、支付时间）

工期顺延与延误、履约与支付保函等双向违约责任

合同文件隐含的风险及履约过程中应重点关注的事项：

交底人签字：　　　　　　　　　　年　月　日	接收人签字：　　　　　　　　　　年　月　日

工程量清单差异分析表（自用）　　　　　　　　　　　表 2.3-4

工程名称：　　　　　　　　　专业：　　　　　　　　　第　页　共　页

工程量清单子目名称	计量单位	招标文件提供清单量	自行核算工程量	差异量	综合单价	综合合价	报价策略

工程量清单漏项表　　　　　　　　　　　　　　**表 2.3-5**

工程名称：　　　　　　　　　　专业：　　　　　　　　第 页 共 页

序　号	项目编号	项目名称	计量单位	工程数量	综合单价	综合合价

工程量清单差异表（业主）　　　　　　　　　**表 2.3-6**

工程名称：　　　　　　　　　　专业：　　　　　　　　第 页 共 页

工程量清单 子目名称	计量单位	招标文件提 供清单量	复核工程量	差异量	综合单价	综合合价

四、项目成本计划

（一）项目成本计划编制依据

1. 中标合同书、投标报价资料及施工图。

2. 施工调查报告、《项目管理策划书》、实施性施工组织设计。

3. 劳务（专业）分包合同、物资设备租赁（或购销）合同。

4. 主要材料采购、周转材料租赁、机械设备租赁市场调查价。工程中各种材料采购单价。

5. 各种材料实际消耗指标。

6. 实际管理机构及各项管理费用。

7. 其他与成本计划相关的资料。

（二）项目成本数量、单价及费用确定原则

工程数量采用施工图数量，施工组织设计和施工方案确定措施数量。工、料、机消耗量根据定额确定，定额缺项时，根据施工图和施工规范要求进行分析补充，结合现场实际进行调整。各种资源单价在施工调查的基础上结合企业价格体系限价确定。

（三）项目成本计划编制方法

1. 熟悉招标文件、投标报价资料、施工图纸、实施性施工组织设计，施工合同各项条款；搜集材料价格，主要是大宗材料。如商品混凝土及钢筋、水泥、地材、装饰材的价格（注意考虑税金的因素），调查搜集周转材料的购置价和租赁价、工程所需机械设备的购置价和租赁价，劳务分包价格；注意合同的要求，要多注意国家相关政策及市场大环境的走向。

2. 按照施工图纸正确计算工作量及各类材料用量。

3. 测算综合单价：依据相关行业定额分析、市场人工费、材料费、机械费询价、通过实施性施工组织设计分析确定工料机成本。

(1) 人工费的确定：根据实施性施工组织设计要求确定的承包方式、承包内容计算出工程量，以调查的劳务工费计算劳务总用工费用。

(2) 材料费的确定：根据正确计算的工程需用的材料量，合理计入损耗量，采用已调查的材料单价计算总材料费用。

(3) 机械费的确定：按现场总配置的机械设备按总工期、总台班及市场调查租赁费（折旧或租费）统一计算。

(4) 措施费计算：按施工组织设计方案科学计算。

外架的测算：根据建筑物外墙周长和工程总进度计划编制月需求钢管、扣件用量，要考虑到施工组织设计和国家的相关规范以及当地的安全监督站的要求。根据工程所在地购置计算摊销或租赁价计算出外架费用。

模板措施费计算：根据实施性施工组织设计合理配置模板及支撑，合理确定模板周转次数。

环境保护费：是指施工现场为达到环保部门要求所需要的各项费用。

文明施工费：按施工现场文明施工的需要编制专项方案计算费用。

安全施工费：按施工现场安全施工的需要编制专项方案计算费用。

临时设施费：按施工组织设计中所必须搭设的生活和生产用的临时建筑物、构筑物和其他临时设施编制专项方案计算费用。

(5) 间接费计算

规费：按政府和有关权力部门规定必须缴纳的费率计算费用（含工程排污费、工程定额测定费、社会保障费、住房公积金、危险作业意外伤害保险）。

企业管理费：按项目施工生产和经营管理所需费用按公司相关规定计算（含管理人员工资、办公费差旅交通费、固定资产使用费、工具用具使用费、劳动保险费、工会经费、职工教育经费、财产保险费、财务费、税金、其他）。

(6) 利润：项目成本利润按中标价与实际成本确定。

(7) 税金：按国家税法规定的应计入建筑安装工程造价内的营业税、城市维护建设税及教育费附加、地方教育费附加等费率计算。

(8) 考虑有关增减因素适当调整。

(9) 确定工程成本（制造成本）。

(四) 编制项目成本计划时间要求

(1) 工期在一年之内的工程项目，项目部进场一个月内完成成本计划编制工作，成本计划书报公司成本管理部审核、领导审批后实施。

(2) 工期在一年以上的工程项目，公司成本管理部组织项目部在进场三个月内完成成本计划编制工作，成本计划书报公司成本管理部审核、领导审批后实施。

（五）项目成本计划编制成果文件模板（表 2.3-7～表 2.3-14）

项目成本计划汇总表　　　　　　　　　　　　　表 2.3-7

工程名称：　　　　　　　　　　　　　　　　　　　　　　单位：元

费用名称	中标费用	计划成本费	差额	备注
人工费				
材料费				
机械费				
专业分包费				
其他直接费				
间接费				
合　计				

人工费用表　　　　　　　　　　　　　　　　　表 2.3-8

工程名称：　　　　　　　　专业：　　　　　　　第　页　共　页

成本项目名称	投标工程量清单号	对应工作内容简述	单位	工程量	单价	预算成本	备注
合　计							

直接成本中材料费用表　　　　　　　　　　　　表 2.3-9

工程名称：　　　　　　　　专业：　　　　　　　第　页　共　页

材料名称	型号	单位	预算数量	单价	合计	备注
合　计						

措施材料费用表　　　　　　　　　　　　　　表 2.3-10

工程名称：　　　　　　　　专业：　　　　　　　第　页　共　页

材料名称	型号	单位	数量	单价	合计	备注
合　计						

机械租赁费用表　　　　　　　　　　　　　　表 2.3-11

工程名称：　　　　　　　　专业：　　　　　　　第　页　共　页

设备名称	规格型号	单位	数量	计费时间	租赁/购买单价	金额	备注
进出场费							
其他费用							
合　计							

分包工程费用表   表 2.3-12

工程名称：   专业：   第 页 共 页 单位：元

序号	项目名称	计量单位	数量	单价	金额	备注
合　计						

直接成本中其他直接费用表   表 2.3-13

工程名称：   专业：   单位：元

序号	项目名称	成本	备注
1	环境保护费		
2	安全文明费		
3	临时设施费用		
3.1	临时设施人工费		
3.2	临时设施活动房屋费		
3.3	临时设施主材（有回收价值）		
3.4	临时设施辅材（没有回收价值）		
4	冬雨期及夜间施工费		
5	检验试验费、测量放线、定位复测、工程交点、场地清理		
6	工程保修费		
7	生产工具用具使用费		
8	其他直接费		
9	已完工程保护费		
10	施工排水、降水费		
11	生活水电费		
12	其他管理费		
13	意外伤害保险费		
合　计			

间接成本费用表   表 2.3-14

工程名称：   单位：元

序号	费用名称	成本	备注
1	工作人员工资、奖金、津贴		
2	职工福利费		
3	办公费		
4	差旅交通费		
5	管理用具使用摊销费		
6	业务招待费		
7	总承包服务费		
8	工程保险费		
9	工程投标费		
10	QC 建设支出费		
11	内部银行利息		
12	金融机构手续费		
13	工程交易费		
14	培训费		

续表

序号	费 用 名 称	成本	备注
15	劳动保护用具摊销费		
16	项目固定资产折旧费		
17	中介费		
18	其他		
合计			

五、签证索赔补差

（一）管理原则

1. 遵循"勤签证、精索赔"原则；先签证、若签证不成再进行索赔，且签证不成即应进入索赔程序；努力以签证形式解决问题，减少索赔事件发生；坚持单项索赔，减少总索赔。

2. 梳理完善签证索赔流程，明确各相关岗位及人员责任机制。项目内业技术工程师、现场工程师等有责任发起提出签证索赔，项目技术负责计算索赔工期，造价部门计算量、价，签证索赔工作组审核，项目经理批准，重大索赔需报企业造价管理部门、总法律顾问审核，总经济师审批。

3. 规范签证索赔工期费用计算、提交报告文函、证据资料等环节管理，按《签程工期补偿报告》、《工程费用补偿报告》等模板及工期费用计算规范、证据规范等规范执行。

（二）签证索赔的发起

1. 由内业技术负责人提出

（1）发包方未严格按约定交付设计图纸、技术资料、批复或答复请求；

（2）非我方过错，发包方指令调整原约定的施工方案、施工工艺、附加工程项目、增减工程量、变更分部分项工程内容、提高工程。

（3）由于设计变更、设计错误、数据资料错误等造成工程修改、返工停工、窝工等。

2. 由现场施工员提出

（1）发包方未严格按约定交付施工现场、提供现场与市政交通的通道、接通水电、批复请求、协调现场内各承包方之间的关系等；

（2）工程地质情况与发包方提供的地质勘探报告的资料不符，需要特殊处理的；

（3）非承包人过错，发包方指令调整原约定的施工进度、顺序、暂停施工、提供额外的配合服务等；

（4）由于发包方错误指令对工程造成影响等；

（5）发包方在验收前使用已完或未完工程，保修期间非承包方造成的质量问题。

3. 由质量员提出

（1）发包方未严格按约定的标准和方式检验验收；

（2）合同约定或法律法规规定之外的额外检查。

4. 由材料员或者机械管理员提出

(1) 发包方未严格按约定的标准或方式提供设备材料；

(2) 发包方指定规格品牌的材料设备市场供应不足，或质量性能不符合标准；

(3) 发包方违反约定，指令调换原约定的材料设备的品种、规格、质量等级、改变供应时间等。

5. 由项目会计提出

(1) 发包方未严格按约定支付工程价款的；

(2) 非承包方过错而发包方拒绝或迟延返还保函、保修金等。

（三）常见工程签证索赔事项及依据（表 2.3-15）

常见工程签证索赔事项及依据   表 2.3-15

序号	可签证索赔项	签证索赔事项	
		工期	费用
1	发包人没有按合同规定的要求交付设计资料、设计图纸，使工程延期。推迟交付或提供的资料错误或规定一次交付而实际分批交付	√	√
2	发包人要求承包人提供特殊保密的措施，并承担开支	√	√
3	发包人提供的设备不合格或未在规定的时间提供	√	√
4	发包人未在规定的时间交付施工场地、行驶道路、接通水电	√	√
5	工程地质条件与合同规定的不一样，出现异常	√	√
6	招标文件不完备，发包人提供的信息有错误	√	√
7	合同缺陷，如合同条款不全、错误，或文件之间矛盾、不一致有歧义	√	√
8	工程师指令错误发生的费用，给承包人造成的损失，造成承包商费用增加	√	√
9	发包人或发包人的工程师指令改变原合同规定的施工顺序或施工部署	√	√
10	发包人或发包人的工程师超越合同规定的权力不适当干扰我方的施工过程或施工方案	√	√
11	发包人或监理工程师指令增加、减少或删除部分工程	√	√
12	发包人或监理工程师指令提高工程质量标准、装修标准、建筑五金标准	√	√
13	发包人删减部分工程而将其委托给其他承包商来完成	√	√
14	在合同规定的范围内发包人指令增加附加工程项目	√	√
15	因发包人原因，承包人在施工中采取的紧急措施，造成承包商费用增加	√	√
16	发包人未能完成其义务建设工程施工合同国家示范文本中的 9 项工作，造成延误	√	√
17	发包人因其自身原因，推迟工作	√	√
18	工程质量因发包人原因达不到约定条件	√	√
19	由于设计原因试车达不到验收要求，发包人负责修改设计或者由于设备制造原因试车达不到验收要求，且设备为发包人采购	√	√
20	建设工程施工合同示范文本 GF-1999-0201 中 23.3 条合同价款调整的四种情况	√	√
21	发包人要求提供合同责任以外的服务项目	√	√
22	由于设计变更、设计错误，发包人或监理工程师做出错误的指令，提供错误的数据、资料等造成工程修改、报废、停工、窝工等	√	√
23	由于非承包人方的原因，发包人指令暂停工程施工	√	√

续表

序号	可签证索赔项	签证索赔事项	
		工期	费用
24	对材料、设备、工艺进行合同规定以外的检查试验，造成工程损坏或费用增加，而最终证明承包人的工程质量符合合同要求		√
25	发包人拖延合同责任范围内的工作，如拖延图纸批准，拖延工程隐蔽验收，拖延对承包商问题的答复，不及时下达指令、决定，造成工程停工		√
26	发包人要求加快工程进度，指令承包商采取加速措施	√	√
27	发包人未按时核准月进度完成工作量；不及时拨付工程预付款、进度款、结算款、保修金；不按约定的时间办理结算；不按时返还质量保修金、合同履约保证金等	√	√
28	物价大幅上涨		√
29	国家政策改变、汇率变化	√	√
30	不可抗力因素	√	√
31	发包人提前占用工程	√	√
32	发包人拖延竣工检验	√	√
33	发包人代办的保险未能从保险公司获得补偿		√

（四）签证索赔补差成果文件模板（表 2.3-16～表 2.3-22）

关于××××事宜签证申请表
表 2.3-16

项目名称		标　段	
施工部位			

签证事由及原因：

附图及计算说明书：

承包人（章）

承包人代表：

日　　期：

审核意见： 监理工程师： 日　　期：	审核意见： 造价人员： 日　　期：

审核意见：

发包人（章）：

发包人代表：

日　　期：

注：本表一式三份，发包人、监理人、承包人各存一份。

工程量、费用或工期计算说明书　　　　　　表 2.3-17

项目名称		标　段	
施工部位		第　页	共　页

编制：	审核：	批准：	
时间：	时间：	时间：	

工期延误报告　　　　　　表 2.3-18

项目名称		标　段	
施工部位		第　页	共　页

事宜：关于因　　　　　　　　　　　　等原因造成工期延误事宜的函

致：
　　　　公司，尊敬的　　　　　（收函方代表）先生、女士
　　　　公司，尊敬的　　　　　（收函方代表）先生、女士
　　（发包人全称）与我方合同在履行过程中，因遇下列情形工程工期已造成延误/费用已造成损失，并自本报告发出时起还在继续延误：

　　因本工程计划应在　年　月　日开工的，但现在已距开工仅有 7 天（此条应在开工前 7 天向发包人发出），但因发包人　　原因，或承包人根据　　规定（理由），预测不能按计划开工；

　　或：总监理工程师（或发包人代表）于　年　月　日发出的指令（或工作联系单）要求暂停施工；

　　或：执行监理工程师（或发包人代表）于　年　月　日发出的指令（或工作联系单）导致工程不能按原计划施工；

　　或：遇非承包人原因，发生了　　紧急情况，我们虽已采取保证人员生命和工程、财产安全措施，但已不能按期施工；

　　或：发包人未能在合同第　条第　款约定的时间内，完成发包人　　的工作；

　　或：按照合同约定，发包人应在　年　月　日前向承包人提供　施工图纸，但承包人至今尚未收到，致使相应的工作无法展开；

　　或：按合同约定，发包人应在　年　月　日向承包人支付工程预付款（或工程进度款）
元但至　年　月　日尚未收到，致使相应的工作无法展开；

　　或：承包人于　年　月　日接到监理工程师（或发布人代表）发出的工程设计变更，为实施该变更，由于工程量增加（或工程现场工序）原因，已导致工程不能按原计划实施；

　　或：承包人因　　已于　年　月　日向监理工程师（或发包人代表）发出来关于的请求（申请、联系单）但至今尚未答复，导致无法实施工程的正常施工；

　　或：本工程　年　月　日遇到了　　的不可抗力事件，现在还在继续；

　　或：自　年　月　日始至本报告发出日，工程现场非承包人原因导致停水（电）延续　小时；至今还未恢复；

　　或：发生了　　上述未提及的事件原因，导致工程不能按原计划施工；已导致工期延误　天。

　　本工程合同工期为　天；累计本报告顺延工期后，合同工期应调整为　天。

　　因上述延误工期的事件还在延续，承包人将在相应事件结束后，向你们进一步提交因上述原因导致的实际工期延误的工期补偿报告。

　　请你们在收到此报告　天内予以确认或提出修改意见，逾期未确认也未提出修改意见的，即视你已批准、确认。

　　特此报告。

　　　　　　　　　　　　　　　　　　　　　　　单位名称：
　　　　　　　　　　　　　　　　　　　　　　　项目部：
　　　　　　　　　　　　　　　　　　　　　　　项目经理：
　　　　　　　　　　　　　　　　　　　　　　　　年　月　日

收函方签署意见	示例：同意工期延期　天。或收到此原件一份。 　单位（章）： 　　　　　　　　　　　　　　　（签字）　年　月　日
收函方签署意见	示例：同意工期延期　天。或收到此原件一份。 　单位（章）： 　　　　　　　　　　　　　　　（签字）　年　月　日

工期补偿报告

表 2.3-19

项目名称		标　段		
施工部位		第　页	共　页	

事宜：关于因　　　　　　　　　　　　等原因请求工期补偿的函

致：　　　　　　　公司，尊敬的　　　　（收函方代表）先生、女士

　　　　　　　　　公司，尊敬的　　　　（收函方代表）先生、女士

　　（发包人全称）与我方签订的　　　　　　合同在履行过程中，因遇下列工期已造成延误事件，工程工期造成延误：因本工程计划应在　年　月　日开工的，但现在已距开工仅有 7 天（此条应在开工前 7 天向发包人发出），但因发包人　　原因，或承包人根据　　规定（理由），预测不能按计划开工；

　　或：总监理工程师（或发包人代表）于　年　月　日发出的指令（或工作联系单）要求暂停施工；

　　或：执行监理工程师（或发包人代表）于　年　月　日发出的指令（或工作联系单）导致工程不能按原计划施工；

　　或：遇非承包人原因，发生了　　紧急情况，我们虽已采取保证人员生命和工程、财产安全措施，但已不能按期施工；

　　或：发包人未能在合同第　条第　款约定的时间内，完成发包人　　的工作；

　　或：按照合同约定，发包人应在　年　月　日前向承包人提供　施工图纸；

　　或：按合同约定，发包人应在　年　月　日向承包人支付工程预付款（或工程进度款）元但至　年　月　日承包人才收到应收款项，承包人的施工才在　年　月　日恢复正常；

　　或：承包人于　年　月　日接到监理工程师（或发布人代表）发出的工程设计变更，为实施该变更，由于工程量增加（或工程现场工序）原因；

　　或：本工程　年　月　日遇到了　的不可抗力事件，现在还在继续；

　　或：自　年　月　日始至本报告发出日，工程现场非承包人原因导致停水（电）延续　小时；（8 小时以上）自　年　月　日才恢复正常；

　　或：本工程　年　月　日遇到了　　　的不可抗力事件至　年　月　日才结束；

　　或：发生了　　上述未提及的事件原因，至　年　月　日才结束；已导致工期延误　天。（详见附件工期补偿计算书）按合同约定应补偿工期日历天数　天。本工程合同工期为　天；累计本报告顺延工期后，合同工期应调整为　天。

　　请你们在收到此报告 7 天内予以确认或提出修改意见，逾期未确认也未提出修改意见的，即视你们已批准、确认。

　　附件：《工期补偿计算书》

　　特此报告。

单位名称：
项目部：
项目经理：
年　　月　　日

收函方签署意见	示例：同意工期延期　天。或收到此原件一份。 单位（章）： 　　　　　　　　　　　　　　　　　（签字）年 月 日

费用补偿报告 表 2.3-20

项目名称		标 段		
施工部位		第 页		共 页

事宜：关于因 　　　　　　　　　　　　　　　　　　　等原因请求工期补偿的函

致：

公司（业主），尊敬的 　　　　（收函方代表）先生、女士

公司（监理公司），尊敬的 　　　（收函方代表）先生、女士

（发包人全称）与我方签订 　　　　　　　合同在履行过程中，因遇下列事件：

本工程计划应在 　年 月 日开工，但因发包人 　　原因，未能按时开工，致使承包人已进场的人员、材料、机具等不能有效地利用；

或：总监理工程师（或发包人代表）于 　年 月 日发出的指令（或工作联系单）要求暂停施工，致使承包人已进场的人员、材料、机具等不能有效地利用；

或：执行监理工程师（或发包人代表）于 　年 月 日发出的指令（或工作联系单）导致工程不能按原计划施工致使承包人已进场的人员、材料、机具等不能有效地利用；

或：遇非承包人原因，发生了 　　紧急情况，我们虽已采取保证人员生命和工程、财产安全措施，但不能按期施工；

或：发包人未能在合同第 　条第 　款约定的时间内，完成发包人 　　的工作；导致不能正常施工，承包人已进场的人员、材料、材料、机具等不能有效利用；

或：按照合同约定，监理工程师（或发包人代表），应向承包人发出关于 　　以便于承包人继续实施工程的施工，或承包人因 　　已于 年 月 日向监理工程师（或发包人代表）发出了关于 　 年 月 日收到书面答复，承包人的施工才在 年 月 日恢复正常，使在非正常情况下，相应的人员、机具等不能得到有效地利用；

或：按合同约定，发包人应在 　年 月 日向承包人支付工程预付款（或工程进度款）元，但至 年 月 日，承包人才收到应收款项，承包人的施工才在 年 月 日恢复正常；使在非正常情况下，相应的人员、材料、机具等不能得到有效地利用；

或：承包人于 　年 月 　日，接到监理工程师（或发包人代表）发出的工程设计变更，为实施该变更，承包人不得不调整相应的人员、机具增加投入；

或：自 　年 月 日始至本报告发出日，工程现场非承包人原因导致停水（电）延续 小时；（8 小时以上）自 年 月 日才恢复正常，在上述停水（电）期间承包人的人员、机具不能有效利用；

或：发生了 　上述未提及的事件原因，承包人采取了相应措施期间承包人的人员、机具不能得到有效利用；

或：在上述停水（电）期间承包人的人员、机具不能得到有效利用；

或：发生了 　　　上述未提及事件，承包人采取了措施或根据监理工程师或发包人要求做了 　　　等工作。

上述事件发生了合同价款之外的经济支出共计人民币 　万元，详见附件《工程量补偿计算书》。按合同约定，应由发包人给予承包人经济费用补偿。并根据 2013 合同示范文本的规定，应并入合同约定，即作为合同价款调整，调整合同价款。

请你们在收到此报告 7 天内予以确认或提出修改意见，逾期未确认也未提出修改意见的，即视你们已批准、确认。

附件：《工称费用补偿计算书》

特此报告。

单位名称：

项目部：

项目经理：

年 　月 　日

收函方签署意见	示例：同意给予费用补偿人民币 　元。或收到此原件一份。 单位（章）： （签字） 年 月 日
收函方签署意见	单位（章）： （签字） 年 月 日

签证索赔台账　　　　　　　　　表 2.3-21

项目名称：　　　　　　　　　　　　　　　　　　　　　　　　单位：元

序号	签证内容摘要	存档部门	签证编号	合同计价依据	报送时间		报送金额	业主确认金额	当期结算应付款时间	应付金额	实付金额	涉及工期变更时间	发包人认可顺延工期时间	责任人	其他备注
					合同约定	实际报送									
合计															

填表人：　　　　　　　　商务经理：　　　　　　　　项目经理：

已完工程量及合同价款调整单　　　　　表 2.3-22

报告接收单位 A		报告接收人（发包人代表）	
报告接收单位 B		报告接收人（总监理工程师）	
提交报告单位		提交报告者（项目经理）	
主题	关于第　　期 或（　年　月）已完工程量及合同价款调整的确定		

致：

　　_____（报告接收单位 A），尊敬的_____（发包人代表）先生/女士

　　_____（报告接收单位 B），尊敬的_____（总监理工程师）先生/女士

　　按_____（发包人全称）与我方签订的合同约定和工程变更、费用补偿及现场

实际施工进度情况，截止　　年　　月　　日合同价款调整及已完工程量情况如下：

　　一、合同价款调整情况：

　　根据发包人已于　　年　　月　　日批准的报表编号为　　　　　　的《合同价款调整及已完工程量报告》及其《已完工程量及合同价款调整报表》，截止上期末的合同价款调整总额为合计人民币　　　万元；本期涉及合同价款调整合计为人民币　　　万元，因此至本期调整后的合同价款调整总额为人民币　　　万元。

　　二、完成工程量价款情况：

　　根据发包人已于　　年　　月　　日批准的报表编号为　　　　　　的《已完工程量及合同价款调整报告》及其《已完工程量及合同价款调整报表》，截止上期末累计完成工程量价款为合计人民币　　　万元；本期完成工程量价款合计为人民币　　　万元，因此至本期累计已完成工程量价款总额为人民币　　　万元。

　　其他详见附件。

　　提请你们在收到此报告后的　　天内（合同约定时间）予以确认或提出修改意见，并在附件《合同价款调整及已完工程量报表》上签字，逾期未确认也未书面提出修改意见的，即视为你们已批准、确认。

　　特此报告。

　　　　　附：编号为　　　　　　的《合同价款调整及已完工程量报表》一份。

　　　　　　　　单位名称：

　　　　　　　　项目部：

　　　　　　　　项目经理：

续表

报告接收单位A 签收或签署	签收示例：　　　年　月　日　收到此原件一份。 　　　　　　　　　　　　　　　　　　　　　签收人（签证）（盖章） 或　示例：报告情况属实。 　　　　　　　　　　　　　　　　　　　　　签收人（签证）（盖章） 　　　　　　　　　　　　　　　　　　　　　　　年　月　日
报告接收单位B 签收或签署	签收示例：　　　年　月　日　收到此原件一份。 　　　　　　　　　　　　　　　　　　　　　签收人（签证）（盖章） 或　示例：报告情况属实。 　　　　　　　　　　　　　　　　　　　　　签收人（签证）（盖章） 　　　　　　　　　　　　　　　　　　　　　　　年　月　日

注：合同价款调整及已完工程量报告（履约往来信函发文编号：　　　　　　　）附件。

六、参考核算对象划分及成本科目设置

（一）参考核算对象划分见表

1. 一般土建工程核算对象划分（表2.3-23）

一般土建工程核算对象划分　　　　　　　　表2.3-23

编　号	核　算　对　象
1	0.000以下工程
1.1	0.000桩基工程
1.2	0.000砂石垫层
1.3	0.000以下地板及外墙、顶板防水
1.4	0.000以下室内外回填土
1.5	0.000以下钢筋混凝土工程
1.6	0.000以下砌筑工程
1.7	0.000以下抹灰、涂料及楼地面工程
2	0.000以上工程
2.1	0.000以上钢筋混凝土工程
2.2	0.000以上砌筑工程
2.3	0.000以上二次结构
2.4	0.000以上室内外回填土
2.5	0.000以上屋面工程
2.5.1	0.000以上屋面防水工程
2.5.2	0.000以上屋面找平、保温、保护层、变形缝等
2.6	0.000以上装饰工程
2.6.1	0.000以上楼地面工程、栏杆、扶手、烟道等

编　号	核　算　对　象
2.6.2	0.000 以上抹灰工程
2.6.2.1	0.000 以上室内抹灰工程
2.6.2.2	0.000 以上室外抹灰工程
2.6.3	0.000 以上门窗工程
2.6.4	0.000 以上涂料工程
2.6.4.1	0.000 以上内墙涂料工程
2.6.4.2	0.000 以上外墙涂料工程
2.6.5	0.000 以上保温工程
2.6.6	0.000 以上其他工程
2.7	临时设施

2. 安装工程核算对象划分（表 2.3-24）

安装工程核算对象划分　　　　　　　　　　　　表 2.3-24

编　号	核　算　对　象
1	电气工程
2	管道工程
3	通风工程
4	室外工程
4.1	室外电气工程
4.2	室外管道工程
5	其他工程
6	地辐热工程

（二）成本科目设置

一般土建工程成本科目字典（表 2.3-25）。

一般土建工程成本科目字典　　　　　　　　　　表 2.3-25

编码	科　　目	建标〔2013〕44 号文件	备　　注
1	人工费	建筑安装工程费/人工费	
101	土方人工费	建筑安装工程费/人工费	
102	主体劳务人工费	建筑安装工程费/人工费	
103	砌体人工费	建筑安装工程费/人工费	
104	楼地面人工费	建筑安装工程费/人工费	
105	抹灰人工费	建筑安装工程费/人工费	
106	其他人工费	建筑安装工程费/人工费	
2	材料费	建筑安装工程费/材料费	
201	消耗性材料	建筑安装工程费/材料费	

续表

编码	科　目	建标［2013］44 号文件	备　注
20101	钢材	建筑安装工程费/材料费	
20102	商品混凝土	建筑安装工程费/材料费	
20103	预拌砂浆	建筑安装工程费/材料费	
20104	地材	建筑安装工程费/材料费	
20105	水泥	建筑安装工程费/材料费	
20106	地材	建筑安装工程费/材料费	
20107	防水材料	建筑安装工程费/材料费	
20108	保温材料	建筑安装工程费/材料费	
20109	装饰材料	建筑安装工程费/材料费	
20110	直螺纹连接	建筑安装工程费/材料费	
20111	保温板	建筑安装工程费/材料费	
20112	构件	建筑安装工程费/材料费	
20113	配件	建筑安装工程费/材料费	
20114	其他消耗性材料	建筑安装工程费/材料费	
202	周转性材料	建筑安装工程费/材料费	
20201	周转材料摊销费	建筑安装工程费/材料费	模板、脚手板、木方、竹胶板、镜面板
20202	周转材料租赁费	建筑安装工程费/材料费	钢管、扣件、钢模板
3	机械费	建筑安装工程费/施工机具使用费	
301	机械租赁费	建筑安装工程费/施工机具使用费	塔吊、施工电梯、临时机械租赁费用
302	自有机械摊销费	建筑安装工程费/施工机具使用费	
303	其他机械费用	建筑安装工程费/施工机具使用费	
304	主体劳务机械费	建筑安装工程费/施工机具使用费	主体大包单价分摊的机械费
305	土方机械费	建筑安装工程费/施工机具使用费	
306	工程电费	建筑安装工程费/施工机具使用费	生产区电费
4	其他直接费	措施费	以费率计取的
401	环境保护费	措施费\环境保护	现场施工机械设备降噪、防扰民费用；防扬尘洒水费用；土方，建渣外运防护费；污染源控制；生活垃圾清理，场地排水排污措施费
402	安全文明施工费	措施费\安全施工、文明施工	
40201	安全人员工资	措施费\安全施工、文明施工	

编码	科　目	建标〔2013〕44 号文件	备　注
40202	项目部安全文明措施费	措施费＼安全施工、文明施工	五牌一图，现场围挡，现场临时设施装饰装修、美化费用，现场生活设施费用、绿化、治安费用、现场工人防暑降温、电风扇、空调及用电费用；三宝、四口、五临边费用、施工安全用电费用，包括配电箱三级配电、两级保护装置，外电防护费用，塔吊，施工电梯的安全防护费，施工机具防护棚及施工通道安全防护费用，消防设施及器材配置费用
40203	主体劳务安全文明措施费	措施费＼安全施工、文明施工	主体劳务单价分摊的安全文明施工费
403	临时设施	措施费＼临时设施	
40301	临时设施人工费	措施费＼临时设施	搭设、维修、拆除人工费
40302	临时设施活动房费	措施费＼临时设施	临时宿舍、办公室、食堂、厕所、仓库、加工厂
40303	临时设施主材费（有回收价值的材料）	措施费＼临时设施	临时供电管线
40304	临时设施辅材费（没有回收价值的材料）	措施费＼临时设施	小型临时设施费、简易道路铺设、临时排水沟、排水设施按砌材料费
40305	临时设施其他费	措施费＼临时设施	
40306	临时设施机械费	措施费＼临时设施	搭设、拆除时所需机械费用
404	夜间施工费	措施费＼夜间施工	夜班补助费、夜间施工降效、夜间施工照明设备摊销、夜间施工时的交通标志、安全标牌、警示灯的设置、移动、拆除费用，照明用电等费用
405	二次搬运费	措施费＼二次搬运费	施工场地条件受限发生的材料、成品、半成品等一次不能到达堆放地点，必须进行二次或多次搬运的费用
406	大型机械安拆及进出场费	措施费＼大型机械设备进出场及安拆	塔吊、施工电梯的安拆及进出场费用
407	已完工程及设备保护费	措施费＼已完工程及设备保护费	竣工前对已完工程及设备采用的覆盖、包裹、封闭、隔离等费用
408	施工降水排水	措施费＼施工降水排水	成井、排水、降水的费用

续表

编码	科　目	建标〔2013〕44 号文件	备　注
409	垂直运输机械费	措施费＼施工机械使用费	塔吊、施工电梯的固定装置、基础制作、安装费
410	冬雨期施工费	措施费＼冬雨期施工费	防寒保温、防滑处理、雨雪清除，防风设施、施工人员的雨衣、雨鞋等
411	工程水费		生产区使用的水费
412	其他措施费	措施费	包括生产工具使用费
5	专业分包工程费		
501	防水专业分包	人工、材料、机械	总费用包干
502	外保温专业分包	人工、材料、机械	总费用包干
503	土方专业分包	人工、材料、机械	总费用包干
6	间接费 1（管理费）	间接费＼企业管理费	
601	现场管理费	间接费＼企业管理费	
60101	管理人员工资	间接费＼企业管理费＼管理人员工资	管理人员工资、奖金、补贴、福利、劳保
60102	办公费	间接费＼企业管理费＼办公费	直接消耗的，例如文具、纸张、纸杯、办公软件、现场监控、话费、取暖费、水电、集体降温费等
60103	差旅交通费	间接费＼企业管理费＼差旅交通费	出差餐饮、路费、招募费、办公转移费等
60104	固定资产使用费	间接费＼企业管理费＼固定资产使用费	房屋、设备、仪器折旧、维修或租赁等
60105	工具用具使用费	间接费＼企业管理费＼工具用具使用费	器具、家具、办公桌椅、打印机、空调、电脑、检验、试验、测绘、消防用具的购置、维修和摊销费
60106	劳动保护费	间接费＼企业管理费＼劳动保护费	工作服、手套、防暑降温费、保健费
60107	检验试验费	间接费＼企业管理费＼检验试验费	一般性鉴定、检查所发生的试验费
60108	工会经费	间接费＼企业管理费＼工会经费	工会法规定计提的工会经费
60109	职工教育经费	间接费＼企业管理费＼职工教育经费	技能培训、继续教育、职业资格教育发生的费用
601010	财产保险费	间接费＼企业管理费＼财产保险费	施工管理用财产、车辆的保险费用
601011	科技研发费	间接费＼企业管理费＼其他	四新应用增加的投入、技术服务、咨询
601012	招待费	间接费＼企业管理费＼其他	业务招待费

续表

编码	科 目	建标〔2013〕44号文件	备 注
601013	财务费	间接费\企业管理费\其他	银行利息、预付款、履约担保等手续费等
601014	中介费	间接费\企业管理费\其他	承接工程经营费用
601015	其他管理费	间接费\企业管理费\其他	投标、绿化、广告费、公证、法律顾问、审计、咨询、保险等费用
602	企业管理费	间接费\企业管理费\其他	
7	利润		
8	间接费2（规费）	间接费\规费	工程排污费、社会保障费、住房公积金、危险作业意外伤害保险
9	税金	税金	

第4节 工程成本分析案例

案例：一般土建工程成本分析（样表）（表2.4-1）

项目成本汇总分析

表2.4-1

项目名称：×××工程

单位：元

序号	成本科目	两算总额		两算总额	
		收入预算	实际成本	收入预算与实际成本	
				差额	比率（%）
	工程成本合计：1+2	86858322.13	81590308.11	5268014.02	6.07
1	其中：项目部成本小计	75459039.57	75249815.12	209224.45	0.28
1.1	人工费	13699476.75	14040470.27	−340993.52	−2.49
1.2	材料费	35956289.86	34208444.32	1747845.54	4.86
1.2.1	材料人员工资、奖金、津贴	0	182059.3	−182059.3	−100.00
1.2.2	消耗性材料	32572907.73	28702944.9	3869962.83	13.56
1.2.2.1	主要消耗性材料	27625164.77	25981197.54	1643967.23	5.95
1.2.2.1.1	商品混凝土	10398764.32	8757962.5	1640801.82	15.78
1.2.2.1.1.1	C15商品混凝土	573739.85	878669.7	−304929.85	−53.15
1.2.2.1.1.2	C20商品混凝土	10419.23	42249	−31829.77	−305.49
1.2.2.1.1.3	C25商品混凝土	63867.96	37501.2	26366.76	41.28
1.2.2.1.1.4	C30商品混凝土	2204534.87	1782764.7	421770.17	19.13
1.2.2.1.1.5	C35商品混凝土	1639525.87	1374311.2	265214.67	16.18
1.2.2.1.1.6	C40商品混凝土	1834948.27	1581536.8	253411.47	13.81
1.2.2.1.1.7	C45商品混凝土	134855.7	0	134855.7	100.00

续表

序号	成本科目	两算总额		两算总额	
		收入预算	实际成本	收入预算与实际成本	
				差额	比率（%）
1.2.2.1.1.8	C40 商品混凝土 抗渗混凝土	3596541.36	3004970.4	591570.96	16.45
1.2.2.1.1.9	C45 商品混凝土 抗渗混凝土	21456.75	7260	14196.75	66.16
1.2.2.1.1.10	C45 商品混凝土 抗渗微膨	13238.84	46039.5	−32800.66	−247.76
1.2.2.1.1.11	C20 商品细石混凝土	305635.62	2660	302975.62	99.13
1.2.2.1.2	钢材	14920160.13	14846487.45	73672.68	0.49
1.2.2.1.2.1	一级钢筋（圆钢 10 以内）	2922525.92	3726711.42	−804185.5	−27.52
1.2.2.1.2.2	一级钢筋（圆钢 10 以外）	9293.13	2524.72	6768.41	72.83
1.2.2.1.2.3	二级螺纹钢筋	8612.68	0	8612.68	100.00
1.2.2.1.2.4	三级螺纹钢筋（10 以内）	3689261.92	2057217.23	1632044.69	44.24
1.2.2.1.2.5	三级螺纹钢筋（10 以外）	8290466.48	9060034.08	−769567.6	−9.28
1.2.2.1.3	其他材料费	2306240.32	2376747.59	−70507.27	−3.06
1.2.2.2	直螺纹连接	62759	65339	−2580	−4.11
1.2.2.2.1	Φ20 套筒	0	3050	−3050	−100.00
1.2.2.2.2	Φ22 套筒	0	34010	−34010	−100.00
1.2.2.2.3	Φ25 套筒	9469.06	8125	1344.06	14.19
1.2.2.2.4	Φ28 套筒	51075.62	18634	32441.62	63.52
1.2.2.2.5	Φ32 套筒	2214.32	1520	694.32	31.36
1.2.2.3	水泥	502223.58	148645	353578.58	70.40
1.2.2.3.1	32.5 水泥	490516.97	143945	346571.97	70.65
1.2.2.3.2	白水泥	11706.61	4700	7006.61	59.85
1.2.2.4	预拌砂浆	1999819.55	731958.16	1267861.39	63.40
1.2.2.4.1	M15	1423321.97	483845.36	939476.61	66.01
1.2.2.4.2	M10	576497.58	248112.8	328384.78	56.96
1.2.2.5	地材	2382940.83	1697268.2	685672.63	28.77
1.2.2.5.1	标砖	778.69	365853.08	−365074.39	−46883.15
1.2.2.5.2	空心砖	0	664004.59	−664004.59	−100.00
1.2.2.5.3	承重黏土多孔砖	724797.79	0	724797.79	100.00
1.2.2.5.4	非承重黏土多孔砖	578354.74	140297.93	438056.81	75.74
1.2.2.5.5	砂子	175416.24	145618	29798.24	16.99
1.2.2.5.6	石子	193423.62	330778	−137354.38	−71.01
1.2.2.5.7	石灰	710169.75	50716.6	659453.15	92.86

续表

序号	成本科目	两算总额		两算总额	
		收入预算	实际成本	收入预算与实际成本	
				差额	比率（%）
1.2.2.6	材料运费	0	78537	−78537	−100.00
1.2.3	周转材料	3151625.66	5086397.72	−1934772.06	−61.39
1.2.3.1	自有周转材料	974881.32	3276020.74	−2301139.42	−236.04
1.2.3.1.1	镜面板	0	845295	−845295	−100.00
1.2.3.1.2	镜面板 2440×1220×15	0	845295	−845295	−100.00
1.2.3.1.3	竹胶板	0	234249.99	−234249.99	−100.00
1.2.3.1.4	竹架板	0	30000	−30000	−100.00
1.2.3.1.5	木板	0	87396.88	−87396.88	−100.00
1.2.3.1.6	槽钢	0	2453.85	−2453.85	−100.00
1.2.3.1.7	木方	974881.32	1036011.03	−61129.71	−6.27
1.2.3.1.8	对拉螺栓	0	58445	−58445	−100.00
1.2.3.1.9	密目网	0	53881.99	−53881.99	−100.00
1.2.3.1.10	防水拉杆	0	80405.17	−80405.17	−100.00
1.2.3.1.11	电缆/周转线	0	2517.23	−2517.23	−100.00
1.2.3.1.12	试模费	0	17.1	−17.1	−100.00
1.2.3.1.13	布料管	0	52.5	−52.5	−100.00
1.2.3.2	外租周转材料	2176744.34	1810376.98	366367.36	16.83
1.2.3.2.1	外租大模板	607484.21	326491.23	280992.98	46.26
1.2.3.2.2	外租钢管	842107.17	766171.85	75935.32	9.02
1.2.3.2.3	外租扣件	505911.17	286098.92	219812.25	43.45
1.2.3.2.4	外租丝杠	0	124597.18	−124597.18	−100.00
1.2.3.2.5	外租山型卡	221241.79	34093.66	187148.13	84.59
1.2.3.2.6	外租插扣架	0	245794.14	−245794.14	−100.00
1.2.3.2.7	外租周转材料运费	0	27130	−27130	−100.00
1.2.4	主体劳务辅材费	24075.81	230472.4	−206396.59	−857.28
1.2.5	工程水费	207680.66	6570	201110.66	96.84
1.3	机械费	7997535.75	8317150.65	−319614.9	−4.00
1.3.1	机械租赁费	7014159.44	3346951.98	3667207.46	52.28
1.3.2	大型机械设备进出场及安拆	0	7000	−7000	−100.00
1.3.3	自有机械摊销	355530.25	0	355530.25	100.00
1.3.4	机械修理费	0	3670	−3670	−100.00
1.3.5	工程电费	0	207477.75	−207477.75	−100.00
1.3.6	小型机具摊销	0	7365	−7365	−100.00

续表

序号	成本科目	两算总额		两算总额	
		收入预算	实际成本	收入预算与实际成本	
				差额	比率（%）
1.3.7	主体劳务机械费	304851.69	230472.4	74379.29	24.40
1.3.8	砂石垫层机械费	38663	222472.7	−183809.7	−475.41
1.3.9	土方机械费	274638.58	2444263.32	−2169624.74	−789.99
1.3.10	其他机械费	9692.79	1847477.5	−1837784.71	−18960.33
1.4	专业分包	13887162.24	11018262.55	2868899.69	20.66
1.4.1	防水工程（包工包料）	2608780.25	1321696	1287084.25	49.34
1.4.2	桩基工程（包工包料）	1860229.49	1731561.6	128667.89	6.92
1.4.3	外墙保温（包工包料）	3187340.45	2288929.75	898410.7	28.19
1.4.4	门窗工程（包工包料）	3828953.97	2758098.1	1070855.87	27.97
1.4.5	烟气道（包工包料）	215934	203776.53	12157.47	5.63
1.4.6	外墙涂料（包工包料）	1720667.23	2347689.92	−627022.69	−36.44
1.4.7	内墙涂料（包工包料）	345822.55	252282.65	93539.9	27.05
1.4.8	玻璃幕墙（包工包料）	119434.3	114228	5206.3	4.36
1.5	其他直接费	3907434.03	2899450.37	1007983.66	25.80
1.5.1	环境保护费	308074.78	12719	295355.78	95.87
1.5.2	安全文明措施费	2225330.3	1757925.08	467405.22	21.00
1.5.2.1	安全人员工资	37369.11	213817.7	−176448.59	−472.18
1.5.2.2	项目部安全文明措施费	1300638.95	937819.46	362819.49	27.90
1.5.2.3	主体劳务安全文明措施费	887322.24	606287.92	281034.32	31.67
1.5.3	临时设施摊销	642738.28	877177.81	−234439.53	−36.48
1.5.3.1	临时设施人工费	0	172062.26	−172062.26	−100.00
1.5.3.2	临时设施活动房费	0	158196.09	−158196.09	−100.00
1.5.3.3	临时设施主材费（有回收价值的材料）	0	145414.7	−145414.7	−100.00
1.5.3.4	临时设施辅材费（没有回收价值的材料）	0	60042.73	−60042.73	−100.00
1.5.3.5	临时设施其他费	0	114262.03	−114262.03	−100.00
1.5.3.6	临时设施机械费	0	227200	−227200	−100.00
1.5.4	冬雨期、夜间施工	364525.01	6414.8	358110.21	98.24
1.5.5	二次搬运及不利施工环境	172237.24	65753.24	106484	61.82
1.5.6	检验试验、测量放线、定位复测、工程交点、场地清理	194528.42	36770.41	157758.01	81.10

续表

序号	成本科目	两算总额		两算总额	
		收入预算	实际成本	收入预算与实际成本	
				差额	比率（％）
1.5.7	施工影响场地周边地上、地下设施及建筑物安全的临时保护设施	0	9098	−9098	−100.00
1.5.8	生活水电费	0	133592.03	−133592.03	−100.00
1.6	间接费 其中（1）：项目管理费	11140.94	4766036.96	−4754896.02	−42679.49
1.6.1	工作人员工资、奖金、津贴	0	2164912.9	−2164912.9	−100
1.6.2	办公费	0	120376.13	−120376.13	−100
1.6.3	差旅交通费	0	18592.04	−18592.04	−100
1.6.4	管理用具使用摊销费	0	3400	−3400	−100
1.6.5	业务招待费	0	28111	−28111	−100
1.6.6	工程保险费	0	6446	−6446	−100
1.6.7	工程投标费	0	74456	−74456	−100
1.6.8	QC建设支出费	0	4605	−4605	−100
1.6.9	内部银行利息	0	260000	−260000	−100
1.6.10	工程交易费	0	20000	−20000	−100
1.6.11	培训费	0	15893	−15893	−100
1.6.12	劳动保护用具摊销费	0	165	−165	−100
1.6.13	公司费用	0	1459041.95	−1459041.95	−100
1.6.14	其他	0	475970.94	−467205.29	−86519.5
1.6.15	职工伙食	0	114067	−114067	−100
1.7	利润	0	0	12435.44	100
2	其中：公司成本小计	11399282.56	6340492.99	5058789.57	44.38
2.1	上缴公司管理费	7440836.97	0	7440836.97	100
2.2	间接费 其中：规费	988765.42	0	988765.42	100
2.2.1	失业保险	124802.81	0	124802.81	100
2.2.2	医疗保险	374408.41	0	374408.41	100
2.2.3	工伤保险	58241.39	0	58241.39	100
2.2.4	残疾人就业保险	33280.76	0	33280.76	100
2.2.5	女工生育保险	33280.76	0	33280.76	100
2.2.6	危险作业意外伤害保险	58241.39	0	58241.39	100
2.2.7	住房公积金	249605.64	0	249605.64	100

续表

序号	成本科目	两算总额		两算总额	
		收入预算	实际成本	收入预算与实际成本	
				差额	比率（%）
2.3	上交集团财务科管理费	0	3353626.22	−3353626.22	−100
2.4	税金	2969680.17	2986866.77	−17186.6	−0.58

单元 3　工程项目风险管理

第 1 节　工程项目风险管理概述

风险一词是外来语，最早的意思是海上风大、有危险。其实在日常生活工作中，我们每个人或大或小都会遇到各种各样的风险。例如地震、股市、金融危机、安全隐患、价格波动以及工程项目中各种原因出现的工期延长、成本增加、计划修改、经济效益降低，甚至最终导致项目的失败等，而所有这些又都存在着不确定性。

风险有三个基本要素，即风险因素、风险事件、风险事件造成的损失。

风险管理 20 世纪 30 年代起源于美国，20 世纪 50 年代发展成一门科学，20 世纪 70 年代以后逐渐掀起了全球性的风险管理运动，20 世纪 80 年代风险管理的相关理论研究开始引入中国。

一、风险的概念

（一）风险的概念

风险是指在某一特定环境下，在某一特定时间段内，某种损失发生的可能性，具有不确定性。风险的不确定在于，一是风险因素的存在性；二是风险因素导致风险事件的不确定性；三是风险发生后其产生损失的不确定性。

工程项目的一次性使其不确定性要比其他经济活动大得多，而施工项目由于其特殊性，比其他风险又大得多，使其成为最突出的风险事业之一，因此风险管理的任务很重。风险有很多不同的分类，根据风险产生不同原因，可以将施工项目的风险因素进行分类，见表 3.1-1。

风险类别表　　　　　　　　　　　　　　　　　　　　　表 3.1-1

风险分类		风险因素
技术风险	设计	设计内容不全，缺陷设计，错误和遗漏，规范使用不恰当，未考虑地质条件，未考虑施工可能性等
	施工	施工工艺落后，不合理的施工技术和方案，施工安全措施不当，应用新技术新方案的失败，未考虑现场情况等
	其他	工艺设计未达到先进性指标，工艺流程不合理，未考虑操作安全性等
非技术风险	自然与环境	洪水、地震、火灾、台风、雷电等不可抗拒自然力，不明的水文气象条件，复杂的工程地质条件，恶劣的气候，施工对环境的影响等
非技术风险	政治法律	法律及规章的变化，战争和骚乱、罢工、经济制裁或禁运等
非技术风险	经济	通货膨胀、汇率的变动，市场的动荡，社会各种摊派和征费的变化等

续表

风险分类		风 险 因 素
非技术风险	组织协调	业主和上级主管部门的协调，业主和设计方、施工方以及监理方的协调，业主内部的组织协调等
非技术风险	合同	合同条款遗漏，表达有误，合同类型选择不当，承发包模式选择不当，索赔管理不力，合同纠纷等
非技术风险	人员	业主人员、设计人员、监理人员、一般工人、技术员、管理人员的素质（能力、效率、责任心、品德）
非技术风险	材料	原材料、成品、半成品的供货不足或拖延，数量差错，质量规格有问题，特殊材料和新材料的使用有问题，损耗和浪费等
非技术风险	设备	施工设备供应不足、类型不配套、故障、安装失误、选型不当
非技术风险	资金	资金筹措方式不合理，资金不到位，资金短缺

（二）风险的性质

风险的基本性质包括风险的客观性、风险的不确定性、风险的不利性和风险的可变性。

风险的客观性，首先表现在它的存在是不以人们意志为转移的。从根本上说，这是因为决定风险的各种因素对风险主体是独立存在的，不管风险主体是否意识到风险的存在，在一定条件下仍有可能变为现实。其次，表现在它无时不有、无处不有，它存在于人类社会的发展过程中，潜藏于人类从事的各种活动之中。

风险的不确定性是指风险的发生是不确定的，即风险的程度有多大，风险何时何地有可能转变为现实均是不确定的。这是由于人们对客观世界的认识受到各种条件的限制，不可能准确地预测风险的发生。

风险一旦产生，就会使风险主体产生挫败、失败、甚至损失，这对风险主体是极为不利的。风险的不利性要求我们在承认风险、认识风险的基础上，做好决策，尽可能地避免风险，将风险的不利性降至最低。

风险的可变性是指在一定条件下风险可以转化。

（三）风险的原因和成本

风险产生的首要原因是项目本身的不确定性，即人们对项目的目的、内容、范围、组成、性质以及项目与环境之间的关系不是特别清楚，这是风险产生的最主要原因。二是计量的不确定性，即由于缺少必要的信息、尺度或准则而产生的项目变数值大小的不确定性。因为确定项目变数值时，人们有时难以获取有关的准确数据，甚至难以确定采用何种计量尺度或准则。三是事件后果的不确定性，即人们无法确认事件的预期结果及其发生概率。

总之风险产生的原因既由于项目外部环境的千变万化难以预料周详，又由于项目本身的复杂性，还源于人们的认识和预测能力的局限性。风险事件造成的损失或减少的收益以及为防止风险事故而采取预防措施及支付的费用，均构成风险成本。风险成本包括有形成本、无形成本及预防与控制费用。

二、工程项目风险管理及其特点

（一）工程项目的风险管理的概念

工程项目的风险管理就是对潜在的意外损失进行辨识、评估、预防和采取相应对策并进行控制的过程，它包括使消极因素产生的影响最小化和将积极因素产生的影响最大化。理想的风险管理，是一连串排好优先次序的过程，使当中的可以引致最大损失及最可能发生的事情优先处理，而相对风险较低的事情则延后处理。现实情况里，优化的过程往往很难决定，因为风险和发生的可能性通常并不一致，所以要权衡两者的比重，以便做出最合适的决定。风险管理的具体内容包括：管理的主体是经济组织或个人，包括个人家庭，组织包括营利性组织和非营利性组织；管理的过程包括风险识别、风险预测、风险评价、选择风险管理技术和评估风险管理效果等，最基本目标是以最小的资源，获取最大的安全保障，而且风险管理要形成自己独立的管理系统。

（二）工程项目风险管理的特点

1. 现代工程项目的风险越来越大。其基本原因有：①现代工程项目的特点是规模大、技术新颖、结构复杂、技术标准和质量标准高、持续时间长、与环境接口复杂，导致实施技术和管理的难度增加。②工程的参加单位和协作单位多，即使一个简单的工程就涉及业主、总包、分包、材料供应商、设备供应商、设计单位、监理单位、运输单位、保险公司等十几家甚至几十家。各方责任界限的划分、权利和义务的定义异常复杂，设计、计划和合同文件等出错和矛盾的可能性加大。③由于工程实施时间长，涉及面广，受外界环境的影响大，如经济条件、社会条件、法律和自然条件的变化等。这些因素是项目上难以预测，不能控制，但都会妨碍正常实施，造成经济损失。④现代工程项目高科技含量较高，是研究、开发、建设、运行的结合，而不仅仅是传统意义上的建筑工程。项目投资管理、经营管理、资产管理的任务加重，难度加大，要求设计、供应、施工、运营一体化。这给工程项目带来许多新的风险类型。⑤由于市场竞争激烈和技术更新速度加快，产品从概念到市场的时间缩短。人们面临着必须在短期内完成建设（例如开新产品）的巨大压力。⑥新的融资方式、承包方式和管理模式不断出现，使工程项目的组织关系、合同关系、实施和运营程序越来越复杂。业主趋向于采用承包方式或让承包商参与项目融资，让承包商承担更大的风险，承担工程全寿命期责任。许多领域，由于它的项目风险大，风险的危害性大，被人们称为风险性项目领域。在我国的许多工程项目中，由风险造成的损失是触目惊心的，许多工程案例说明了这个问题。特别是在国际工程承包领域，人们将风险作为项目失败的主要原因之一。

2. 在现代社会，风险大的项目才能有较高的盈利机会，所以风险又是对管理者的挑战。通过风险管理能够规避风险，或减少风险带来的损失，获得非常高的经济效益，同时提高风险管理水平，有助于企业素质、竞争能力和项目水平的提高。任何一种行业都有经济门槛、技术门槛甚至行政门槛。门槛越高，进入该行业过程的风险就越大，而门槛低的行业，由于进入过程风险比较小，容易进入，所以竞争比较激烈，利润低，相反高门槛行业一旦进入后利润是比较高的，比如超高层、深基础、大跨度、高智能化以及各种技术复杂、管理难度大的项目都是如此。由于高风险和高利润的特点，就出现了许多风险投资人。美国有硅谷，在我国也有许多孵化基地，都在创建新型企业，培育新型市场。

3. 在现代项目管理中风险管理问题已成为研究和应用的热点之一。无论在学术领域，还是在应用领域，人们对风险都做了很多研究，风险管理已成为项目管理的一大职能。在一些特殊工程领域，如房地产、BOT 投资项目、地铁建设工程项目、国际工程项目、航空航天项目、大型水利工程项目中，风险管理更是项目管理的重点。

4. 风险管理与工程项目的进度管理、投资管理、质量管理、安全-健康-环境管理、合同管理、信息管理、沟通管理等融为一体，形成集成化的管理工程。这也是全面风险管理的要求。

5. 工程项目的风险管理必须与该项目的特点相联系，包括工程技术系统的复杂性、工程所在地的特点、特殊的项目目标（如过于短的工期）等，所以风险管理又是一般大型工程项目研究目标和管理的重点之一。不同的工程其风险特点是不一样的，超高层的风险、深基础的风险、大跨度的风险以及海底工程、核电工程，其风险特点都是不一样的。风险管理需要大量地占有信息、了解情况，要对项目系统以及系统的环境深入了解，并要进行预测，所以不熟悉情况，不掌握信息是不可能进行有效的风险管理的。所有这些问题归结到一点就是导致未来领域的不确定因素越来越多，因此风险越来越大。

三、工程项目风险管理的意义

有效地对各种风险进行管理有利于企业作出正确的决策，有利于保护企业资产的安全和完整，有利于实现企业的经营活动目标，对企业来说具有重要的意义。

风险管理事关企业的存亡。不少企业家特别是投资商因忽视了风险管理或因对风险估计不足或判断错误，从而在经营或在投资活动中遭受巨额亏损，甚至导致企业破产倒闭。风险管理直接影响企业的经济效益。做好风险管理工作，可避免许多不必要的损失，从而降低成本，增加企业利润。通过转移风险，可将潜在的重大损失转移给他人，例如保险公司。通过对风险进行恰当的分析，做出正确的预测，可采取断然措施以获取意外利益。如果企业很好地管理了可能遭遇的风险，就会产生安定和充满信心的局面，企业的管理者就可以放心地研究并大胆地承担有利可图的业务。否则，就只能束手束脚，错过盈利的大好时机。例如，当承包商考虑其工程用材料可能涨价，他就势必要囤积足够的材料，从而占用大量资金。如果他同业主签署的合同中，写有对通货膨胀的补救措施，如对材料按实结算或根据价格调值公式对材料差价给予补偿，则该承包商就不必为此而担忧，他可以将大笔资金用到更需要的地方。

做好风险管理有助于提高重大决策的质量。例如，承包商考虑按租赁办法解决施工所需机具问题，如果他忽视了租赁办法可能带来的除租金以外的麻烦问题，如损坏赔偿，他很可能做出错误的决定。

第 2 节　工程项目风险的分类和识别

一、工程项目的风险分类

工程项目风险具有多样性，在一个项目中，许多风险同时存在，只有在了解工程项目风险分类的前提下，才能对风险进行辨识、分析、评估，建立风险管理体系，制定项目控制目标，有效的控制项目风险。从不同的角度，风险可以有多种分类。

按风险的后果可分为纯粹风险和投机风险。纯粹风险是指风险导致的结果只有两种，即没有损失或有损失（不会带来利益）；投机风险是指风险导致的结果有三种，没有损失、有损失或获得利益。纯粹风险一般可重复出现，因而可以预测其发生的概率，从而相对容易采取防范措施。投机风险重复出现的概率小，因而预测的准确性相对较差。纯粹风险和投机风险常常同时存在。

按风险的来源可分为自然风险和人为风险。自然风险是指由于自然力的不规则变化导致财产毁损或人员伤亡，如风暴、地震等；人为风险是指由于人类的活动导致的风险。人为风险又可细分为行为风险、政治风险、经济风险、技术风险和组织风险。

按风险的形态可分为静态风险和动态风险。静态风险是由于自然力的不规则变化或由于人的行为失误导致的风险；动态风险是由于人类需求的改变、制度的改进和政治、经济、社会、科技等环境的变迁导致的风险。从发生的后果来看，静态风险多属于纯粹风险，动态风险既可属纯粹风险，又可属投机风险。

按风险可否管理分为可管理风险和不可管理风险。可管理风险是指用人的智慧、知识等可以预测、可以控制的风险；不可管理风险是指用人的智慧、知识等无法预测和无法控制的风险。

按风险的影响范围分为局部风险和总体风险。局部风险是指由于某个特定因素导致的风险，其损失的影响范围较小；总体风险影响范围大，其风险因素往往无法加以控制，如经济、政治等因素。

按风险后果的承担者划分为政治风险、投资风险、业主风险、承包商风险、供应商风险、担保方风险等。

按风险对目标的影响，从项目目标系统结构进行分析有工期风险、费用风险、质量风险、市场风险、信誉风险、人身伤亡、安全、健康以及工程或设备的损坏以及法律责任的风险。

二、工程项目风险的识别

风险的识别是风险管理的首要环节。只有在全面了解各种风险的基础上，才能够预测风险可能造成的危害，从而选择处理风险的有效手段。

（一）工程项目风险识别的内容和特点

工程项目风险识别是工程项目风险管理中最重要的步骤，风险管理首先必须识别和分析评价潜在的风险领域，分析风险发生的可能性和危害程度，先是要认识和确定项目究竟可能存在哪些风险因素，这些风险因素发生风险事件的可能性和危害程度，会给项目带来什么影响。风险因素识别应借鉴历史经验，特别是以往项目管理过程中的实际经验，确定包括风险的来源、风险产生的条件，描述风险特征和确定哪些风险会对项目产生影响。风险识别包含两方面内容：一方面识别哪些风险可能影响项目进展及记录具体风险的各方面特征。风险识别不是一次性行为，而应有规律的贯穿整个项目中；另一方面，风险识别包括识别内在风险及外在风险。内在风险指项目工作组能加以控制和影响的风险，如人事任免和成本估计等。外在风险指超出项目工作组控制和影响之外的风险，如市场转向或政府行为等。严格来说，风险仅仅指遭受创伤和损失的可能性，但对项目而言，风险识别还牵涉机会选择（积极成本）和不利因素威胁（消极结果）。项目风险识别应凭借对因和果（将会发生什么导致什么）的认定来实现，或通过对果和因（什么样的结果需要予以避免或促使其发生以及怎样发生）的认定来完成。

工程项目风险识别有以下特点：第一，个别性。由于工程项目的地点不同，投资方不同，地区间自然环境、政治经济的差异，工程的风险有很大的差异。反映在合同风险中，建筑企业应对投资方拟建工程的意图和投资方诚信度作出专门考察，认真研究其项目风险的个别性。第二，风险的识别是由人来完成的，无论是专家团还是领导层都面临本身专业知识和社会实践经验不足的问题。因此在风险识别时，要收集一切有用的信息。第三，鉴于工程项目所涉及的风险因素较多，要尽量对风险评级作定性和定量分析，建立初始风险清单。第四，对风险结果的不确定性要作出适当的预测，且不要过于乐观，因为它是随时间和时态的发展而变化的。只有在充分认识拟建项目风险的特点后才能正确评价风险的大小和危害程度。在风险识别过程中要通过多种方法进行判断，项目产品的特点起主要作用。所有的产品都是这样，生产技术成熟完善的产品要比尚待革命和发明的产品风险低得多。与项目相关的风险常常以产品成本和预期影响来描述。

（二）工程项目风险识别的步骤

1. 确认不确定性的客观存在

这项工作包括两项内容：即首先要辨认所发现或推测的因素是否存在不确定性。如果是确定无疑的，则无所谓风险。众所周知的结果不会构成风险，例如承包商已知工程所在国的物价高昂仍然决定投标，则物价高昂便不会成为风险，因为承包商已经准备了对付高昂物价的办法，有备而投标。确认不确定性的客观存在的第二项内容就是确认这种不确定性是客观存在的，是确定无疑的，而不是凭空想象的。

2. 建立初步清单

建立初步清单是识别风险的操作起点。清单中应明确列出客观存在的和潜在的各种风险，应包括各种影响生产率、操作运行、质量和经济效益的各种因素。人们通常凭借企业经营者的经验对其作出判断。建立清单可采用商业清单办法或通过对一系列调查表进行深入研究、分析而制定。初步检查清单通常作为风险管理工作的起点，是确定更准确的清单的基础。多数情况下，清单中必须列出有分析或参考价值的各种数据。

3. 确立各种风险事件并推测其结果。

根据初步风险清单中开列的各种重要的风险来源，推测与其相关的各种合理的可能性，包括盈利和损失、人身伤害、自然灾害、时间和成本、节约或超支等方面，重点应是资金的财务结果。

4. 制定风险预测图

风险预测图采用二维结构。第一维的不确定因素的评价与其发生概率相关，第二维的风险的评价与潜在的危害相关。这种二维图形是一种重要的图形表示，通过这种二维图形评价某一潜在风险相对重要性。鉴于风险是一种不确定性，并且与潜伏的危害性密切相关，因而可通过一种由曲线群构成的风险预测图表示。曲线群中每一曲线均表示相同的风险，但不确定性或者说其发生的概率与潜在的危害有所不同，因此各条曲线所反映的风险程度也就不同。曲线距离原点越远，风险越大。

5. 进行风险分类

对风险进行分类具有双重目的：首先，通过对风险进行分类能加深对风险的认识和理解；其次，通过分类辨清了风险的性质，从而有助于制定风险管理的目标。风险分类有多种方法，有些人注重于开列清单，不管概率大小和轻重程度，统统罗列，有些人则根据其造成影响的严重程度分类列举，但许多人往往忽视了不同风险事件之间的联系。正确的方法应该是依据风险的性质和可能的结果及彼此间可能发生的关系进行风险分类。这样的风险分类更彻底地理解风险，预测其结果，且有助于发现与其关联的各方面的因素。常见的分类方法是以若干个目录组成框架形式，每个目录中都列出不同种类的风险，并针对各个风险进行全面检查。这样可避免仅重视某一个风险而忽视其他风险的现象。以工程承包为例，分类框架可由 6 个风险目录组成，各个目录中均列出典型风险。虽然难免有些遗漏，但毕竟多数典型的风险能反映出来。不同的项目，其分类的内容自然不会一样。但以框架形式分列能给人一目了然的效果，且能显示逻辑开发分类框架的优点。

6. 建立风险目录摘要

这是风险辨识过程的最后一个步骤。通过建立风险目录摘要，将项目可能面临的风险汇总并排列出轻重缓急，能给人一种总体风险印象而且能把全体项目人员都统一起来，使各人不再仅仅考虑自己所面临的风险，而且能自觉地意识到项目的其他管理人员的风险，还能预感到项目中各种风险之间的联系和可能发生的连锁反应。当然，风险目录摘要并非一成不变，风险管理人员应随着信息的变化和风险的演变而及时更新。

（三）工程项目风险识别的工具和方法

工程项目风险识别过程中常用的一些表格有核对表、流量表、财务表、保险险种一览表等。核对表一般根据风险要素编撰。包括项目的环境，其他程序的输出，项目产品或技术资料以及内部资料因素如团队成员的技能（或技能的缺陷）；流量表能帮助项目组理解风险的缘由和影响；财务表格分析是通过对企业的资产负债表、损益表、营业报告书及其他有关资料进行分析，从而识别和发现企业现有的财产、责任等面临的风险；通过保险险种一览表，企业可以根据保险公司或专门保险机构刊物的保险险种一览表，选择适合该企业需要的险种。这种方法仅仅对可保风险进行识别，对不可保风险则无能为力。委托保险人或者保险咨询机构对该企业的风险管理进行调查设计，找出各种财产和责任存在的风险。风险识别的基础在于对项目风险的分解，进一步判断是哪些风险因素，在何种条件下、以何种方式导致风险的发生。识别风险是一项复杂的工作，以目标、时间、结构、环境、因素等途径进行风险分解远远不够，需要细致耐心的工作。要对各种可能导致风险的因素进行反复比较，对各种趋势、倾向进行推测。因此风险识别工作要采用科学的办法，并且最好综合采用多种方法进行。

风险识别的方法有：生产流程分析法、专家调查法、风险检核表法、经验数据法、风险调查法、财务报表法以及访谈法、矩阵图分析法、影响图分析法。

1. 生产流程分析法

生产流程分析法是对企业整个生产经营过程进行全面分析，对其中各个环节逐项分析可能遭遇的风险，找出各种潜在的风险因素。生产流程分析法可分为风险列举法和流程图法；风险列举法指风险管理部门根据该企业的生产流程，列举出各个生产环节的所有风险；流程图法指企业风险管理部门将整个企业生产过程一切环节系统化、顺序化，制成流程图，从而便于发现企业面临的风险。

2. 专家调查法

专家调查法可以通过组织项目管理团队从项目管理各个板块的专家收集个人意见，是一种最常用的并且简单易行的分析方法。这种方法又有两种方式：一种是召集有关专家开会，运用头脑风暴技术进行集体磋商和讨论；另一种是采用问卷式调查，在运用这种方法时，专家发表的意见要由分析管理人员加以归纳分类、整理分析，有时可能要排除个别专家的个别意见。利用专家的专业理论和丰富的实际经验得到项目的想法，运用此技术，许多风险都可以被识别出来，并进行分类，得到一份项目风险的综合清单。头脑风暴法又称智力激励法，或自己思考法，是由美国创造学家奥斯本于 1939 年首次提出，1953 年正式发表的一种激发思维的方法，它是通过营造一个无批评的自由的会议环境，使与会者畅所欲言、充分交流、互相启迪，产生出大量创造性意见的过程。德尔菲法起源于 20 世纪 40 年代末，由美国兰德公司首次用这种方法来进行预测，后来该方法被迅速广泛采用。德尔菲法依据系统的程序，采用匿名发表意见的方式，即专家之间不得互相讨论，不发生横向联系，只能与调查人员发生关系，通过多轮次调查专家对问卷提出问题的看法经过反复征询、归纳、修改，最后汇总成专家基本一致的看法作为预测的结果。

3. 风险检核表法

建立工程项目的风险检核表有两种途径，常规途径是采用保险公司或风险管理学会公布的潜在损失一览表，即任何工程都可能发生的所有损失一览表，通过适当的风险分解方式来识别风险是建立工程项目风险检核表的有效途径。对于大型、复杂的工程项目，首先将其按 WBS 分解，再从时间维、目标维和因素维进行分解，可以较容易地排列出工程项目主要的、常见的风险。从风险检核表的作用来看，因素维仅分解到各种不同的风险因素是不够的，还应该进一步将各风险因素分解到风险事件。

4. 经验数据法

经验数据法也称为统计资料法，即根据以往工程承包中的风险统计资料来识别拟施工工程的风险。由于风险管理主体不同，数据或资料来源不同，其各自的风险数据一般都存在差异。但是，工程项目风险本身是客观存在，有客观的规律性，当经验数据或统计资料足够多时，这种差异就会大大减小。这种经验数据或统计资料可以满足对工程项目风险识别的需要。

5. 风险调查法

风险调查应当从分析具体工程项目的特点入手，一方面对通过其他方法已识别出的风险（如风险检核表所列出的风险）进行鉴别和确认，另一方面通过风险调查有可能发现此前尚未识别出的重要的工程风险。通常风险调查可以从组织、技术、自然及环境、经济、合同等方面分析拟建工程项目的特点以及相应的潜在风险。风险调查并不是一次性的。由于风险管理是一个系统的、完善的完整的循环过程，因而风险调查也应该在工程项目实施全过程中不断地进行，这样才能了解不断变化的条件对工程风险状态的影响。当然随着工程实施的进展，不确定性因素越来越少，风险调查的内容亦相应减少，风险调查的重点也有可能不同。

6. 财务报表法

采用财务报表法进行风险识别，要对具体项目财务报表中所列的各项会计科目作深入的分析研究，确定一个特定的工程项目可能遭受哪些损失和在何种情况下遭受这种损失。由于财务报表法的局限性，一般只作为其他分析识别方法的辅助方法进行使用。

7. 访谈法、矩阵图分析法、影响图分析法

访谈法，即通过访员和受访人面对面地交谈来了解受访人心里和行为。因研究问题的性质、目的或对象的不同，访谈法具有不同的形式。根据访谈进程的标准化程度，可将它分为结构型访谈和非结构型访谈。访谈运用面广，能够简单叙述收集多方面的工作分析资料。矩阵图分析法，是利用数学上矩阵的形式表示因素间的相互关系，从中探索问题所在并得出解决问题的设想。矩阵图法就是从多维问题的事件中，找出对应的因素，排列成矩阵图，然后根据矩阵图来分析问题，确定关键点的方法，它是一种通过多种因素综合思考，探索问题的好方法。影响图分析法是决策问题一种新的图表征求解方法，它用无有向回路的有向图来表征决策信息的关系，运用这一决策分析的新方法，对一类线性回归模型，从决策的角度进行探讨和求解，并将结果推广到更加一般的情形。

风险识别的最终结果包含风险清单，描述已经识别出来的风险，包括原因、不确定的项目假设等，贯穿整个风险管理过程；可能的应对措施，风险识别过程中，可以确定针对一种风险可能的应对措施；风险因素，包括发生风险的基本条件或事件，风险征兆或预警；可能出现的风险分类，识别风险的过程中，可能需要扩大或改进风险管理过程中形成的风险分解结构。对于工程项目风险识别来说，仅仅采用一种风险识别方法是远远不够的，一般都应综合采用两种或多种风险识别方法，才能取得较为满意的结果。而且，不论采用任何风险识别方法组合，都必须包含风险调查法。从某种意义上讲，这七种识别方法的主要作用在于建立风险检核表，而风险调查法的作用则在于建立最终的风险清单。

第 3 节　工程项目风险的分析评估和防范

一、工程项目风险分析

风险分析是指应用各种风险分析技术，用定性、定量或两者相结合的方式处理不确定性的过程，其目的是评价风险的可能影响。风险分析和评估是风险识别和管理之间联系的纽带，是决策的基础。风险评估是风险分析的主要内容。

（一）风险分析的内容

风险分析对风险发生的概率和风险发生后对项目目标的影响以及风险承受度进行分析，为风险应对提供依据。

1. 风险因素转化为风险事故的概率和损失分布

在工程风险的发展过程中，不是每一个风险要素最终都能发展成风险事故，因此需要判断风险发生的概率，以确定风险的影响和严重性，据此进行风险处理决策。在估计风险分布规律时，需要采用专家调查法、现场观察法、模糊综合评判法等方法，对工程风险进行观察或实验模拟，估计出目标风险的概率分布。

2. 单一风险的损失程度

如果某一个因素导致事故发生的可能性很大，但是可能的损失却很小，就没有必要采取复杂的处理措施。只有综合考虑了风险发生概率和损失程度以后，才可能根据风险损失期望值制定风险处理策略。工程风险损失可以依据工程风险载体的状况、风险的波及范围和可能造成的损失程度来估计。

（二）风险分析的步骤

1. 首先必须采集与所要分析的风险相关的各种数据。这些数据可以从投资者或承包商过程类似项目经验的历史记录中获得。所采集的数据必须是客观的、可统计的。某些情况下，直接的历史数据资料还不够充分，尚需主观评价，特别是那些对投资者来讲在技术、商务和环境方面都比较新的项目，需要通过专家调查方法获得具有经验性和专业知识的主观评价。

2. 完成不确定模型，以已经得到有关风险的信息为基础，对风险发生的可能性和可能的结果给予明确的定量化。通常用概率来表示风险发生的可能性，可能的结果体现在项目现金流表上，用货币表示。

3. 对风险影响进行评价。在不同风险事件的不确定性已经模型化后，紧接着就要评价这些风险的全面影响。通过评价把不确定性与可能结果结合起来。常见的风险分析法有八种：即调查和专家打分法、层次分析法、模糊数学法、统计和概率法、敏感性分析法、蒙特卡罗模拟、CIM 模型、影响图。其中前两种方法侧重于定性分析，中间三种侧重于定量分析，而后三种侧重综合分析。

（三）风险分析的方法

风险分析是对风险发生的可能性和风险损失程度以及风险的不可控性等风险状态变量做出判断，很多风险分析方法都能从不同的角度分析得出这些风险状态变量。目前工程风险领域的风险分析主要基于主观的概率判断，常用的风险分析法主要有层次分析法、模糊数学法、概率统计法、敏感性分析法、蒙特卡罗模拟、影响图等。这些方法有的侧重于定性分析，有的侧重于定量分析，也有的侧重于综合分析。这里重点介绍层次分析法和风险量估计法。

1. 层次分析法

利用层次分析法（AHP）进行风险分析的基本思想是利用递阶层次结构识别工程存在的主要风险，然后由众多专家从风险损失额和风险发生的概率等方面判断因素的重要性，在此基础上对专家的判断矩阵进行一致性检验。如果通过一致性检验，则计算各风险因素的相对重要性并排序；如果没有通过一致性分析检验，则重复上面的过程，修改专家的意见，直到通过一致性检验。AHP 法进行风险分析的特点：一是风险损失期望值和概率分布主要是专家们的主观判断；二是风险评估是以本项目的风险系统中各因素的相对重要性程度来表示的，并不能得出各个风险损失值和概率值的绝对指标。AHP 法大致需要经历四个步骤：第一步是以递阶层次辨识工程风险因素，递阶层次呈现出了各种风险因素，需要从中选择某一个风险进行下一步的风险分析。第二步是确定专家，AHP 中的所有因素的判断都需要专家来完成，专家组成成员的合理性直接影响到风险分析的结果，因此要谨慎选取专家组成员。第三步是整理专家的判断结果，形成判断矩阵，并对判断矩阵进行一致性检验，若没有通过一致性检验，则要组织专家重新判断，构成新的判断矩阵，直到通过一致性检验为止。第四步是根据判断矩阵计算相对重要性排序，得出风险分析结论。

2. 风险量估计法

风险量估计法以风险因素对工程项目的影响程度来估计风险程度，并且考虑了采取风险处理措施对风险的影响。工程风险的实质是风险因素对目标投资、目标工程期、目标质量的影响，这个程度受到风险损失发生的概率、风险损失发生后的后果以及风险因素的不可控制程度的影响，因此工程项目的风险程度可以表示成为因素发生的概率、风险损失后果和风险的不可控制程度的函数。

$$PR = f(p, I, Q)$$

式中　PR——项目风险程度；

　　　P——风险发生的概率；

　　　I——风险事件发生后的影响程度；

　　　Q——项目的不可控制性，取值在 0～1 之间。

利用风险量估计法的步骤主要分为三步，首先是估计风险的概率。主要依靠有关专家的主观估计和历史资料中类似项目发生相同风险的统计。其次估计风险损失水平，与风险概率的估计方式一样，专家判断和历史资料统计结合。再次就是风险的不可控制性。这个变量的估计很不容易，需要根据风险处理方法和控制风险的有效程序进行估计。应在借鉴其他类似项目风险的不可控制程度的基础上，充分考虑到本工程项目的风险状况以及风险管理计划制定和实施过程中采取的措施的有效程度，从而估计风险的可控制程度。

（四）风险分析的好处

1. 使项目选定在成本估计和进度安排方面更现实、可靠。

2. 使决策人能更好地、更准确地认识风险，风险对项目的影响及风险之间的相互作用。

3. 有助于决策人制定更完备的应急计划，有效地选择风险防范措施。

4. 有助于决策人选定最合适的委托或承揽方式。

5. 能提高决策者的决策水平，加强他们的风险意识，开阔视野，提高风险管理水平。

二、工程项目的风险评价

风险分析确定了工程风险发生的概率和损失的严重程度，并对风险进行了优先排序。

风险优先排序可以将风险确定为不重要的风险、影响关键线路（工期）的风险、需要设置应急储备金的风险和对项目造成很大威胁的风险。对于确定为不重要的风险，可放入风险观察清单中做进一步监测。

风险评价是在工程风险辨识和工程风险分析的基础上，综合考虑风险属性，风险管理目标和风险主体的承受能力，确定工程风险和风险处理措施对工程的影响。通过风险评价，决定是否采取措施以及采取什么措施，采取措施以后工程风险因素发生什么变化。风险评价为风险防范提供了理论依据。根据风险评价方法的不同，可分为定性分析评价和定量分析评价。

（一）定性评价方法

定性风险评价可以根据系统层次按次序揭示系统、分系统和设备中的危险，做到不漏任何一项，并按风险的可能性和严重性分类，以便分别按轻重缓急采取措施。在实践中，有两种定性风险估计方法，即风险评价指数法和总风险暴露指数法。

1. RAC 法

RAC 法是定性风险估算常用的方法，它是将决定危险事件的风险的两种因素——危险严重性和危险可能性，按其特点划分为相对的等级，形成一种风险评价矩阵，并赋予一定的加权值来定性地衡量风险大小。

危险严重性等级，由于系统、分系统或设备的故障、环境条件、设计缺陷、操作规程不当、人为差错均可能引起有害后果，将这些后果的严重程度相对定性地分为若干级，称为危险事件的严重性等级。通常将严重性等级分为四级。根据危险事件发生的频繁程度，将危险事件发生的可能性定性的分为若干等级，称为危险事件的可能性等级。通常可能性等级分为五级。将上述危险严重性和可能性等级制成矩阵并分别给予定性的加权指数，形成风险评价指数矩阵。风险评估指数通常是主观制定的，而且定性的指标有时没有实际意义，它是这种评估的一大缺点。因为无论是对危险事件的严重性或是可能性作出严格的定性量是很困难的。因而，这种指数的实用价值就受到影响。

2. TREC 法

TREC（TOTAL RISK EXPOURE CODE）法是 RAC 法的改进。TREC 和 RAC 之间显著不同点是将严重性尺度范围扩大了，并将所要的损失转化为货币，在评价矩阵中，暴露尺度代替了概率尺度。暴露指数确定的方法是：单一危险事件的概率（通常是每10000 暴露小时所发生的事件数表示）乘以寿命周期内总暴露小时的估计值和该系统生产的总量。TREC 法将严重性分为 10 个等级，均以货币计算，从最小 100 元以下到最大1010 元以上。每一严重性等级的尺度以一定大小次序递增。这种表示方法可以评价较宽范围的损失。暴露指数分 10 级，暴露指数表明系统事故总数的估计值。指数的最小值 1表示在系统寿命中危险事件所导致一定大小的某种事故的可能性估计值低于 0.00001（100000 次中发生 1 次），指数的最大值为 10，它估计在系统寿命中危险事件将导致发生大于 1000 次事故。总风险暴露指数可由严重性指数和暴露指数相加而得，总风险暴露指数可用于表示系统寿命期内与其有关的货币损失。

（二）定量评价方法

对于一个系统、装置或设备，通过定性评价，人们对其中的危险有一个大致了解，可以了解系统中安全性薄弱环节。但是有时候需要了解到底风险水平如何，事故发生的可能性到底有多大，后果到底有多严重等，就需要对风险进行定量的评价。定量风险评价是一种广泛使用的管理决策支持技术，定量风险评价包含五个要素：

1. 危机识别。确定事故场景、危险、危险事件以及他们的原因和发生机理。一般由危险检查表、初步过程危险分析、危险与运行分析来获得识别的危险。

2. 频率估计。确定识别的危险事件的发生频率。一般由历史数据、故障数分析可靠性与有效性研究、故障模式及影响分析来确定。

3. 后果分析。确定识别的危险事件后果的程度和概率。有事件数分析、事故分类/定义来确定。

4. 风险估算。确定风险水平，就是将频率和后果进行组合。

5. 灵敏度风析。将研究的风险划分优先次序，进一步估算那些有意义的风险水平，比较相关的风险估算，将研究的风险划分优先次序、评估独立的不确定性和设置执行进度表。

定量风险评价通过交替循环得到评估值。开始通过原因、后果、费用、可能的频率引出数量的估计，然后分析这些量对初始假设的灵敏度。定量风险评价非常适合应用于与技术装备失效相关的决策问题。

现实的情况是，在工程项目建设的全过程中，多种风险是同时存在的，因此风险的量化还涉及对风险和风险之间相互作用的评估，既有叠加增大的可能，也有抵消减弱的可能。同时由于评估的人，评估的方法和使用的工具模型等都可能对评估的结果产生不同的影响。

（三）风险评价的步骤

在风险评估过程中，我们可以采取以下的步骤：

（1）定义项目的风险参考水平值。要使风险评估发生作用，就要定义一个风险参考水平值，对于大多数项目而言，通过对性能、成本支持及进度等因素的分析，可以找出风险的参考水平值，对于性能下降、成本超支、支持困难或进度延迟（或者这四种的组合）等情况，超过这一参考水平值项目就会被终止。

（2）建立每一组（风险、风险发生的概率、风险产生的影响）与每一个参考水平值的关系。

（3）预测一组临界点以定义项目终止区域，该区域由一条曲线或不确定区域界定。

（4）预测什么样的风险组合会影响参考水平值。

在这里，我们需要强调的是如何评估风险的影响，如果风险真的发生了，它所产生的后果会对三个因素产生影响；风险的性质、范围及时间。风险的性质是指当风险发生时可能产生的问题。风险的范围是指风险的严重性及其整体分布情况。风险的时间是指主要考虑何时能够感到风险及持续多长时间。可以利用风险清单进行分析，并在项目进展过程中迭代使用。项目组应该定期复查风险清单，评估每一个风险，以确定新的情况引起风险的概率及影响发生的改变。这个活动可能会添加新的风险，删除一些不再有影响的风险，并改变风险的相对位置。

三、工程项目风险的防范

（一）工程项目风险防范的原则

风险预测和评价的目的是为了防范风险，工程项目的风险防范不是在工程项目实施阶段才开始的，而是在实施前的合同阶段就开始了。包括实行相应的预防计划、灾难计划、应急计划、并在合同中用条款形式加以明确。

1. 底线原则。在投标报价时，要定出最低的盈利目标，当跌破最低的盈利目标线后达到成本线时，就可能引起经济风险。所以说，最低的盈利目标是一个底线，如投资方不能满意时，可考虑拒绝对方。在确保经济利益的原则下，要对投资方的诚信和社会信誉度进行评价和提出风险对策，对其提出的条件要加以审查和研究，以防合约陷阱。

2. 提前约定原则。有的投资方的拟建工程所需手续不全，如土地使用许可证等。这种情况下，建筑企业在合同中要特别指明由此造成的后果由投资方负责，在施工工程中由此引起的损失也要由投资方负责。有的投资方希望建筑企业在竣工后，分若干年交付工程款，建筑企业则应在合同中加入要投资方寻找合适的担保人的条款。在合同中加入变更和索赔的条款也有利于防范和转移风险，如对设计变更和其他变更的工程量的确定以及对由此引发的工程价款的确定，这些有利于建筑企业避免损失。

3. 专家指导原则。为了防范建筑工程合同风险，组拟建工程经济专家、工程技术人员和法律顾问为主的合同管理机构非常重要。现今，投资方在拟定投资方案和工程合同时一般都充分咨询造价师事务所或专业工程咨询机构，他们都具有很高的专业水平。他们合同谈判实施方案一般含有对承包方反索赔条款，故建筑企业在合同谈判中必须拥有与之相应的专业力量。

4. 应急处理原则。执行合同时，积极处理风险后果也是防范建筑工程合同风险的重要措施之一。风险发生后，应启动灾难计划和应急计划对出现的风险后果进行认真的研究，找出实际结果和预测结果的差异，并用货币来衡量，分析其原因，采取有效手段加以补救。如投资方不按时拨付工程进度款，则可考虑在合同限定的有效时间内提出索赔。

（二）工程项目风险的预警，预案和预控

这部分内容应属于全面风险管理的内容，在这里先简单地介绍一下。风险的预警实际上是一个系统的名称，全称为"风险预警系统"。风险预警是指企业根据外部环境与内部条件的变化，对企业未来的风险进行预测和报警。通过风险预警增强企业的免疫力。应变力和竞争力，在风险和危机还没有形成时就已经发出了预警，引起了领导层、管理层及作业层的重视，并将消除在还没有形成状态，保证企业处变不惊，做到防范于未然，从而使企业能够实现可持续发展。风险预案，是指根据评估分析或经验，对可能发生的突发事件的类别和影响程度而事先制定的应急处置方案。风险预控，是指在危险源辨识和风险评估的基础上，预先采取措施消除或控制风险的过程。风险预控的措施都是在危险源正式暴露之前制定并开始执行的措施。风险预控措施按照应用阶段划分为事先控制措施、接触控制措施和事后控制措施。

第 4 节　工程项目风险的对策和控制

一、工程项目风险管理的目标

（一）关于风险管理目标的两种学说

纯粹风险说以美国为代表。纯粹风险说将企业风险管理的对象放在企业静态风险的概率上，将风险的转嫁与保险密切联系起来。该学说认为风险管理的基本职能是将对威胁企业的纯粹风险的确认和分析，并通过分析在风险自保和进行保险之间选择最小成本获得最大保障的风险管理决策方案。该学说是保险型风险管理的理论基础。企业全部风险说以德国和英国为代表，该学说将企业风险管理的对象设定为企业的全部风险，包括企业的静态风险（纯粹风险）和动态风险（投机风险），认为企业的风险管理不仅要把纯粹风险的不利性减小到最小，也要把投机风险的收益性达到最大，该学说认为风险管理的中心内容是与企业倒闭有关的风险的科学管理。企业全部风险说是经营管理型风险管理的理论基础。

（二）风险管理目标的基本要求

风险管理是一项有目的的管理活动，只有目标明确，才能起到有效作用。否则，风险管理就会流于形式，没有实际意义，也无法评价其效果。风险管理的目标就是要以最小的成本获取最大的安全保障。它不仅仅只是一个安全生产问题，还包括识别风险、评估风险、和处理风险，涉及财务、安全、生产、设备、物流、技术等多个方面，是一套完整的方案，也是一个系统工程。

风险管理目标的确定一般要满足以下几个基本要求：

1. 风险管理目标与风险管理主体（如生产企业或建筑工程的业主）总体目标的一致性。

2. 目标的现实性，即确定目标要充分考虑其实现的客观可能性。

3. 目标的明确性，即正确选择和实施各种方案，并对其效果进行客观的评价。

4. 目标的层次性，从总体目标出发，根据目标的重要程度，区分风险管理目标的主次，以利于提高风险管理的综合效果。

（三）风险管理的目标

风险管理的具体目标还需要与风险事件的发生联系起来，从另一角度分析，它可分为损前目标和损后目标两种。

损前目标有：①经济目标。②安全状况目标。③合法性目标。④履行外界赋予企业责任目标。

损后目标有：①生存目标。②保持企业生产经营的连续性目标。③收益稳定目标。④社会责任目标。

结合工程项目管理，按照项目目标系统的结构进行分析，则会有许多风险管理的目标。①工期。②费用。③质量。④生产能力。⑤市场。⑥信誉。⑦人身伤亡、安全、健康以及工程或设备的损坏。⑧法律责任。⑨对环境和对项目的可持续发展的影响和损害。

只有把风险管理和项目管理目标（包含成本、质量、工期目标）有机结合起来，才能使项目管理目标尽可能地实现。同时为了在风险发生时还能保持项目顺利开展，完成项目目标，就需要运用风险管理方法。许多大型工程如新加坡地铁项目、三峡工程项目、大亚湾核电站项目等都运用到了项目风险管理方法，都使项目目标得以更好地体现。

二、工程项目风险管理的方案

在全面分析评估因素的基础上，制定有效的管理方案是风险管理工作的成败之关键，它直接决定管理的效率和效果。因此，详实、全面、有效成为方案的基本要求，其内容应包括：风险管理方案的制定原则和框架、风险管理的措施、风险管理的工作程序等。

（一）工程项目风险管理方案的制定原则

1. 可行、适用、有效性原则。

2. 经济、合理、先进性原则。

3. 主动、及时、全过程原则。

4. 综合、系统、全方位原则。

（二）风险管理方案计划书内容框架

1. 项目概况。

2. 风险识别（分类、风险源、预计发生时间点、发生地、涉及面等）。

3. 风险分析与评估（定性和定量的结论、后果预计、重要性排序等）。

4. 风险管理的工作组织（设立决策机构、管理流量程序设计、职责分工、工作标准拟定、建立协调机制等）。

5. 风险管理工作的检查评估。

（三）工程项目风险管理的三个阶段

1. 第一阶段

在风险的潜伏阶段，风险尚未显现，但其可能性存在于各种征兆之中。这个阶段风险管理重在预防。

（1）识别潜在的风险。这是预防风险的第一要务，不能识别就无法预防。识别风险的一个重要手段是量化，量化的好处是可以通过对比来鉴别风险征兆，可以设置临界点作为预警指标。例如，我们识别出高血压是引起心脏病的重大风险，为此我们设置出一套检测血压的量化指标，把预警临界值设置在 90/140。这样，我们就可以通过与正常指标的对比来监测高血压的风险了。

（2）规避和转移风险。是预防潜在风险的另一个有效办法。当你识别出某件事情可能会有风险时，只要放弃这件事，或者换一种较稳妥的方法去做它，就可以避免风险发生。如果你知道喝酒有可能导致高血压或心脏病，只要避免喝酒或者改喝红酒或啤酒，就可以规避风险。转移风险最常用的办法之一是买保险。即使你不幸患了心脏病，医疗费有保险公司买单，可以大大减少生命危险和经济损失。

（3）准备风险应对方案和危机处理预案。是预防风险的核心内容。一旦风险和危机来临，有应对预案就可以有效降低风险的损失和危机的灾难。你可以把常用的药物分放在家里和办公室容易拿到的地方，把医院的电话输入电话机，预先嘱咐身边的人如何处理，这就是风险预案。一旦心脏病突发，这些事先准备好的预案就足以挽救你的生命。也许有些风险预案永远也用不上，但这并不说明他们是多余的。只有风险降临的危急关头，人们才会感觉到他们性命攸关的价值。

2. 第二阶段

在风险的发生阶段，风险已经来临，风险将带来的损失已经不难预料，这个阶段风险管理重在应对。

（1）选择和实现风险应对预案。事先准备的预案可以大大提高应对的决策效率，把决策简化到抉择。例如，当飞行故障发生时，油料往往只能够飞半个小时，没有时间决策，只能在预先准备的预案中选择实施。当你的电脑系统被病毒侵袭的时候，当你的技术关键人突然辞职的时候，当你的主要客户因故推延付款的时候，当你的主要供应商突然宣布提高价格的时候，如果你能够事先准备好应付的预案，你就会有更多的选择余地，有充分的应对时间，就不会在突然降临的风险打击下束手无策。

（2）采取权宜措施缓解风险。有些时候风险预案需要时间和条件，权宜措施就是为了争取时间和创造条件。面对绑匪，你首先应该派遣的不是军队而是谈判代表，后者将为前者的部署争取时间；面对航班拖期后愤怒的旅客，你首先需要调动的不是飞机而是饮料喝食品，以抚慰旅客激动的情绪。在很多情况下，权宜措施也是构成风险预案的组成部分，但是当风险预案没有料到的情况发生时，应急的权宜措施最能考验一个管理者的应变能力。

（3）采取补救措施抵消损失。当风险造成的损失不可避免的时候，可以堤外损失堤内补救。例如出口产品如果在进口国因质量问题退货，则出口转内销，挽回部分损失；如果客户无力偿还债务，可以用汽车及电脑之类的资产抵扣部分损失；如果因下雨不能户外施工，就安排培训，以免浪费时间。失之桑榆，收之东隅。

3. 第三阶段

在风险的后果阶段，风险造成的损失已经成为事实，形势危急，这个阶段的风险管理重在应急和善后。

（1）选择和实施危急处理预案。如血栓梗塞了心机；如洪水冲破了大堤；如飞机掉进了海里；如被媒体揭穿了老底；如电脑文件全军覆没；如欠债客户卷款逃逸；这时风险就变成了危机，应对就变成了应急。应急实际上和风险应对没什么区别，不过预案的作用会更突出，因为危机时刻没有时间容你深思熟虑，只能选择过去准备好的主意。

（2）实际灾难救助措施。危机往往伴随着灾难性的后果，损失已经既成事实，形势无法逆转，因此需要考虑善后措施，如抢救生命，抚慰家属，挽回信誉，收拾残局，另寻替代方案等。

（3）资料存档总结教训。这是善后要做的最后一件事情。但是它常常被忽略忘记。所有的风险和灾难留下的记录都是人类的遗产，它将给后人识别风险提供宝贵的线索。今天的人是站在前人肩膀上进步的，如果没有前人留下的资料，我们至今还在黑暗中摸索，还会在同一块石头上绊倒无数次，文档化管理，是我们迈向学习型组织必须跨过的门槛。

三、工程项目的风险对策

在风险的管理过程中，管理者必须充分认识到风险是分纯粹风险和可利用风险两种类型。纯粹风险是有害的，不能由工程项目开发者控制的，只能想办法尽量地减少、转移风险，可利用风险存在着有利和不利的两个方面，只要项目开发者充分认识这种风险的可利用一面，及时准确地做好预测工作，并主动创造索赔的条件，就可以变不利为有利，使风险的因素成为盈利来源。工程项目常见的风险处理对策主要有三类：一是避免风险。这种处理方法比较消极，往往风险和机会是同时存在的，这种消极的躲避会使企业失去一些机会，所以一般较少采用；这种对禁止可能会带来另外的风险，可能会影响企业经营目标的实现，如为避免生产而消极停止生产，则企业的收益目标就无法实现。二是减缓风险。主要包括两个方面，降低风险发生的概率以及如果风险发生尽可能减少风险造成的损失。三是风险自留。途径有：小额损失纳入生产经营成本，损失发生时用企业的收益补偿。针对发生的频率和强度都大的风险建立意外损失基金，损失发生时用它补偿。带来的问题是挤占了企业的资金，降低了资金使用的效率。常见的风险管理策略及相应的措施见表 3.4-1。

常见的风险管理策略及相应的措施 表 3.4-1

风险目录	风险管理策略	相应的措施
财务和经济		
通货膨胀	风险自留	执行价格调值；投标中应考虑应急费用
汇率浮动	风险转移	投保汇率险；套汇交易
	风险自留	合同中规定的费率保值
分包商或供应商违约	风险转移	履行保函
	风险回避	进行资格预审
业主违约	风险自留	索赔
	风险转移	严格合同条款
	风险回避	放弃承包
项目资金无保证	风险转移	分包
报价过低	风险自留	控制成本；加强管理；加班加点以节省人工费开支；加强索赔
设计		
设计不充分，错误和忽略、不充分的细节、地下条件复杂	风险自留	索赔
	风险转移	合同中分清责任
政治环境		
法规变化、战争和内乱、没收、禁运	风险自留	索赔
	风险转移	保险
	风险自留	援引不可抗力条款索赔
	风险减轻	降低损失
污染及安全规则约束	风险自留	保护措施；制定安全计划

续表

风险目录	风险管理策略	相应的措施
施工		
恶劣的自然条件	风险自留	索赔；预防措施
劳务争端或内部罢工	风险自留	预防措施
	风险减轻	预防措施
现场条件差略	风险自留	改善差略条件
现场条件差略	风险转移	投保第三方险
工作失误	风险减轻	严格规章制定
	风险转移	投保工程一切险
设备损毁	风险转移	购买保险
工伤事故	风险转移	购买保险
自然条件		
对永久结构的损坏	风险转移	购买保险
对材料设备的损坏	风险减轻	加强保护措施
造成人员伤亡	风险转移	购买保险
火灾	风险转移	购买保险
洪水	风险转移	购买保险
地震	风险转移	购买保险
塌方	风险转移	购买保险
	风险减轻	购买保险
社会环境		
宗教节日影响施工	风险自留	安排预防措施；合理安排进度；预留损失费
工作效率低	风险自留	预留损失费
社会风气腐败	风险自留	预留损失费

四、工程项目风险控制的措施

工程项目风险管理的对策无论怎么好，无论怎么多，无论怎么完善，如果不能切实贯彻执行，落实到位，就不可能达到应有的效果，因此，风险控制的措施是各种对策有效实施的保证。

（一）经济性措施

主要措施有合同方案设计（风险分配方案、合同结构设计、合同条款设计）；保险方案设计（引入保险机制、保险清单分析、保险合同谈判）；管理成本核算；绩效考核奖罚等。

（二）技术性措施

技术性措施应体现可行、适用、有效性原则，主要有预测技术措施（模型选择、误差分析、可靠性评估）；决策技术措施（模型比选、决策程序和决策准则制定、决策可靠性预评和效果后评估）；技术可靠性分析（建设技术、生产工艺方案、维护保障技术）。

（三）组织管理性措施

主要是贯彻综合、系统、全方位原则和经济、合理、先进性原则，包括管理流程设计、确定组织结构、管理制度和标准制定、人员选配。岗位职责分工，落实风险管理的责任等。还应提倡推广使用风险管理信息系统等现代化管理手段和方法。

第 5 节   工程项目安全风险管理

一、危险源的辨识与分类

危险源就是可能造成人员伤害、职业病、财产损失、作业环境破坏的根源或状态。一般分为两类：第一类危险源指意外释放的能量或危险物质；第二类危险源指导致能量或危险物质约束或限制措施破坏或失效的各种因素。一起事故发生是两类危险源共同作用的结果，第一类危险源的存在是事故的前提，第二类危险源的出现是第一类危险源导致事故的必要条件，他们分别决定事故的严重程度和可能性大小。

（一）建筑工地重大危险源的主要类型

施工所用危险化学品及压力容器是第一危险源，人的不安全行为，料机工艺的不安全状态和不良条件为第二危险源。建筑工地绝大部分危险和有害因素属第二类危险源。建筑工地重大危险源，按场所的不同初步可分为施工现场重大危险源与临建设施重大危险源两类。对危险和有害因素的辨识应从人、料、机、工艺、环境等角度入手，动态分析、识别、评价可能存在的危险有害因素的种类和危险程度，从而采取整改措施，加以治理。

1. 施工现场重大危险源

（1）与人有关的重大危险源主要是人的不安全行为

三违，即违章指挥、违章作业、违反劳动纪律，集中表现在那些施工现场经验不丰富、素质较低的人员当中。事故原因统计分析表明，70％以上的事故是由三违造成的。

（2）存在于分部、分项工艺过程、施工机械运行过程和物料的重大危险源

1）脚手架、模板和支撑、起重塔吊、物料提升机、施工电梯安装与运行，人工挖孔桩、基坑施工等局部结构工程失稳，造成机械设备倾覆、结构坍塌、人员伤亡等事故。

2）施工高层建筑或高度大于 2m 的作业面（包括高空、四口、五临边作业），因安全防护不到位或安全兜网内积存建筑垃圾，人员为配系安全带等原因，造成人员踏空滑倒等高处坠落摔伤或坠落物体打击下方人员等事故。

3）焊接、金属切割、冲击钻孔、凿岩等施工时，由于临时电漏电遇地下室积水及各种施工电器设备的安全保护（如漏电、绝缘、接地保护、一机一闸）不符合要求，造成人员触电，局部火灾的等事故。

4）工程材料、构件及设备的堆放与频繁调运、搬运等过程中，因各种原因发生堆放散落、高空坠落、撞击人员事故。

（3）存在于施工自然环境中的重大危险源

1）人工挖孔桩、隧道掘进、地下市政工程接口、室内装修、挖掘机作业时，损坏地下燃气管道等，因通风排气不畅，造成人员窒息或中毒事故。

2）深基坑、隧道、地铁、竖井、大型管沟的施工，因为支护、支撑等设备失稳、坍塌，不但造成施工场所破坏、人员伤亡，还会引起地面、周边建筑设备的倾斜、塌陷、坍塌、爆炸与火灾等意外。基坑开挖、人工挖孔桩等施工降水，造成周围建筑物因地基不均匀沉降而倾斜、开裂、倒塌等事故。

3）海上施工作业由于受自然条件如台风、汛、雷电、风暴潮等侵袭，发生翻船等人亡、群死群伤的事故。

2. 临建设施重大危险源

（1）厨房与临建宿舍安全间距不符合要求，施工用易燃易爆危险化学品临时存放或使用不符合要求、防护不到位，造成火灾或人员窒息中毒事故；工地饮食因卫生不符合标准，造成集体中毒或疾病。

（2）临时简易帐篷搭设不符合安全间距要求，发生火烧连营的事故。

（3）电线私搭乱接，直接与金属结构或钢管接触，发生触电及火灾等事故。

（4）临建设施撤除时房顶发生整体坍塌，作业人员踏空、踩虚造成伤亡事故。

（二）建筑工地重大危险源的主要危害

建筑工地重大危险源的主要危害有：高空坠落、坍塌、物体打击、起重伤害、触电、机械伤害、中毒窒息、火灾、爆炸和其他伤害等。

二、建筑工地重大危险源整治措施

（一）建立建筑工地重大危险源的公示和跟踪整改制度。加强现场巡视，对可能影响安全生产的重大危险源进行辨识，并进行登记，掌握重大危险源的数量和分布状况，经常性地公示重大危险源名录、整改措施及治理情况。重大危险源登记的主要内容应包括：工程名称、危险源类别、地段部位、联系人、联系方式、重大危险源可能造成的危害、施工安全主要措施和应急预案。

（二）对人的不安全行为，要严禁三违，加强教育，搞好传、帮、带，加强现场巡视，严格检查处罚，使作业人员懂安全、会安全。

（三）淘汰落后的技术、工艺，适度提高工程施工安全设防标准，提升施工安全技术管理水平，降低施工安全风险。如过街人形通道、大型地下管沟可采用顶管技术等。

（四）制定和实行施工现场大型施工机械安装、运行、拆卸和外架工程安装的检验检测、维护保养、验收制度。

（五）对不良自然环境条件中的危险源，要制定有针对性的应急预案，并选定适当时机进行演练，作到人人心中有数，与变不惊，从容应对。

（六）制定和实施项目安全承诺和现场安全管理绩效考评制度，确保安全投入形成安全长效机制。

三、建筑施工作业环境的识别和评价

建筑业施工作业环境因素的识别及评价，是全社会普遍关注的重要环境污染源之一，也是建筑产品生产过程很难于界定其环境因素的一个行业。

（一）环境因素的识别

环境因素的识别，应结合不同专业产品生产的特点、生产场所所处地域和季节及周边环境极其工艺流程等实际内容进行，通过实地验证归纳以期完善。建筑业施工企业按我国国民经济行业分类分土木工程建筑业、线路管道和设备安装业和装修装饰业三大类。

对常见环境因素的识别，可结合施工工序或过程进行，如基础工程施工和机械开挖基坑的环境因素应包括：振捣器、电锯、电锤、混凝土输送泵、空压机、电焊机等施工机械产生的噪声，设备管道、钢结构制安过程的铆工、管工、电气焊过程所产生的噪音，钢材装卸加工产生的噪声，混凝土搅拌产生的碱性污水，作业过程产生的废弃物等。在装修阶段，包括油漆、胶类、密度和加芯及刨花板等材料散发的有毒、有害气体、现场电、气及气体保护焊接、乙炔气切割、容器管道金属材料和焊缝的超声波。射线探伤发出的强光、射线。设备的清洗、施工机械的维修产生的油污、酸碱污水等。

（二）识别范围的确定

施工生产、回访保修过程中应控制或可施加影响的环境因素，都应列入识别范围。识别时，不仅要考虑过去、现在、将来三种时态，还要考虑正常、异常、紧急三种状态，并将以下七个方面内容列入重点识别范围。向大气排放的粉尘；向水体排放的污水；废弃物管理及建筑垃圾处理；土地污染；原材料与自然资源的使用；取、弃土场地的处理；其他当地环境问题和社区性问题。

（三）环境因素评价

评价环境因素时，应考虑对周边环境影响的范围、地域和程度以及发生频次、相关关注程度、法律法规的符合性、资源消耗、投资的节约程度和企业实际情况等。对资源、人力、能源、原材料方面的环境因素进行评价，除了考虑可能的节省因素，还应考虑管理控制性措施的实施情况。

四、建筑施工职业病危害的防治

为了预防、控制和消除职业病危害，防治职业病，保护劳动者健康，根据《中华人民共和国职业病防治法》的规定，在职业病防治工作上坚持预防为主，防治结合的方针，实行分类管理、综合治理；建立、健全职业病防治责任制，加强对职业病防治的管理。在有职业危害的施工作业前后，均对劳动者及作业场所进行职业健康检查，建立职业健康档案，同时加强职业病防治安全教育，采用有效的安全技术措施，提供符合职业病要求的职业防护设施和个人使用职业病防护用品，改善劳动条件，以确保劳动者的身体健康及安全。职业性危害因素是指在生产过程中、劳动过程中、作业环境中存在的危害从业人员健康的因素。职业病是由职业性危害所引起的疾病。与建筑施工生产过程有关的职业危害因素的主要种类、危害工种及预防措施主要有：

（一）粉尘

施工现场粉尘主要是含游离的二氧化硅粉尘、水泥尘（硅酸盐）石棉尘、木屑尘、电焊烟尘、金属粉尘引起的粉尘。主要受危害的工种有混凝土搅拌机、水泥上料工、材料试验工、平刨机工、金属除锈工、石工、风钻工、电（气）焊等工种。预防措施有：水泥除尘罩；木屑除尘措施；金属除尘措施；洒水措施。

（二）生产性毒物

施工现场生产性毒物主要有铅、锰、苯、二氧化硫、亚硝酸盐等。主要受危险的工作有通风工、油漆工、喷漆工、电焊工、气焊工、电镀工等工种。预防措施有：防铅毒措施；防锰毒措施；防苯毒措施。

（三）噪声

施工现场噪声主要是来源于桩机、搅拌机、电动机、空压机、钢筋加工机械、木工加工机械、人为噪声、交通工具等。主要受危害的工种有混凝土振捣棒工、打桩机工、推土机工、平抛工等工种及现场施工人员。预防措施有：声源控制；传播途径的控制；接收者的防护；严格控制人为噪声；控制强噪声作业的时间。

（四）震动

施工现场震动主要是有混凝土振动棒、风钻、打桩机、推土机、挖掘机等。主要受危害的工程混凝土振捣工、风钻工、打桩机司机、推土机司机、挖掘机司机等。预防措施有：在振动与需要防振动的设备之间，安装具有弹性性能的隔振装置，使振源产生的大部分振动被隔振装置所吸收；改革生产工艺，降低噪声；有些手持振动工具的手柄，包扎泡沫塑料等隔振垫，工人操作时戴好专用的防振手套，也可减少振动的危害。

第 6 节　现代工程项目风险管理的热点问题

一、全面风险管理的思想越来越被重视

（一）全面风险管理的含义

所谓全面风险管理，是指企业围绕总体经营目标，通过在企业管理的各个环节和经营过程中执行风险管理的基本流程，培育良好的风险管理文化，建立健全风险管理体系，包括风险管理策略、风险理财措施、风险管理的组织职能体系、风险管理信息系统和内部控制系统，从而为实现风险管理目标提供合理保证的过程和方法。工程项目风险管理要树立起全面风险管理的思想，也就是全员参加的、全方位和全过程的管理。

（二）全面风险管理的三维立体框架

全面风险管理的三维立体框架是一种多维立体的表现形式，有助于全面深入地理解和控制和管理对象，分析解决控制中存在的复杂问题。

第一维度（上面维度）是目标体系，包括四类目标：战略目标；经营目标；报告目标；合规目标。

第二维度（正面维度）是管理要素，包括八个相互关联的构成要素，它们源自管理企业的经营方式，并与管理过程整合在一起。具体为：内部环境；目标设定；事项识别；风险评估；风险应对；控制活动；信息与沟通；监控。

第三个维度（侧面维度）是主体单元，包括集团、部门、业务单元、分支机构四个层面。

（三）全面风险管理更加强调系统性的思想

所谓系统，是由多维相关体组成的整体。在工程项目管理中坚持系统管理思想，就是要贯彻四项原则：第一是目标的分解与综合原则；第二是协调控制的相关性原则；第三是

有序性原则；第四是动态性原则。

　　企业全面风险管理，强调通过量化分析支撑下的决策分析，在决策层面上管控战略方向选择、重大业务抉择等方面的风险。

二、新的工程领域的风险规律性研究

　　近几十年，我国有许多新的工程领域发展十分迅速，由于这些领域工程技术、环境的复杂性以及工程规模大、参加单位多等，使得风险很大，如地铁工程、核电工程、航天航空工程、深海石油开采工程、高速电路工程等一些高、深、大、复杂的项目。所以，每一个这样的工程，在建设前都要进行专门的风险分析和对策研究。

三、新的融资模式、承发包模式和管理模式的风险分配问题

　　最近十年，工程界推行许多新的融资模式、承发包模式和管理模式都涉及风险分配问题。工程风险分配的理论和方法，涉及现代项目的责任体系构建、工程风险分配的理念、合同方法、各方面利益博弈分析等，是这些模式顺利推行的关键。

　　1. 新的融资模式

　　如我国许多基础设施采用 PPP 融资模式。任何一个项目采用 PPP 融资模式（如 BOT 项目），必须对工程建设和运行过程中的风险进行全面分析和研究，特别要注重解决如下与风险相关问题：融资风险；项目产品市场风险；风险在私营企业和公共部门之间的合理分配等。这不仅是项目成功的保障，而且是社会关注的热点问题。这又是 PPP 合同设计的难点。

　　2. 新的承发包模式

　　如工程总承包、伙伴关系模式等。这涉及：业主和承包商之间的风险的分配，这也是总承包工程招标文件和合同文件设计的难点。总承包风险，如工程范围风险、环境风险、招标文件理解风险、合同风险、分包商风险等。现代工程承包合同趋向于理性地分配风险，让承包商承担更大的风险，但是不让承包商冒险，让承包商有更多的盈利机会，实现双赢。

　　3. 新的管理模式

　　如我国推行代建制，代建单位应承担的风险，如对投资的责任，对工程质量和安全责任规定，是许多地方代建制度政策法规制度和标准合同文本设计的重点和难点。

　　4. 风险监控和风险预警，风险监控和预警

　　涉及工程施工和运行阶段对风险预兆的风险和监控，采用新的探测技术和信息技术对风险进行监控和预警。这不仅是项目控制的内容之一，而且涉及各个工程专业技术、物联网技术的应用等。

　　5. 工程实施工程中的风险控制

　　工程实施过程中的风险控制贯穿于项目控制（进度、成本、质量、合同控制等）的全过程。一是加强风险的预控和预警工作；二是风险发生时，及时采取措施控制风险影响，降低损失；三是在风险状态下依然保证工程的顺利实施，迅速恢复生产。

第 7 节　工程项目风险管理案例

一、成彭高速入城段改造工程的风险管理

新城彭路是成都市中心城区北面重要的出入口道路，是连接中心城与彭州市的唯一通道。根据成都市快速路网规划，新成彭路与北新大道、沙西线共同组成北部片区快速路网，交通需求包括成彭高速进入中心城区的快速交通，大丰镇与中心城区的区间交通。随着彭州市石化基地的建设和投入使用，中心城区和彭州之间的交通联系更加密切，新城彭路是一条高速通道，但入城段的交通拥堵严重，无法承担巨大交通新需求，必须进行改造。

成彭高速入城段改造工程高架桥（含金牛段、大丰段）位于成都市二环路（金泉路）和外环路之间，是成都市北部及北部新区的又一条城市快速交通主干道，以上三条道路共同组成北部片区快速路网。

成都市相关部门对成彭高速入城段工程多次研究、论证、修改，2007 年 4 月形成了"成彭高速入城段工程建设方案"。2007 年 8 月 21 日，成彭高速入城段改造工程（含高架桥）方案设计通过了审查。2007 年 11 月 20 日项目立项，项目总投资为 14.8 亿元。

该项目属于典型的市政工程，依据政府市政工程风险管理要求，作出成彭高速入城改造项目风险分析与评价。

根据该改造工程特点，首先将其按单项工程、单位工程分解，再将各单项工程、单位工程分别从时间表、目标维和因素进行分解，识别出项目主要的、常见的风险，根据技术风险与非技术风险的分类得到项目初始风险因素清单见表 3.7-1。

项目初始风险因素清单　　　　　　　　　　　表 3.7-1

风险因素		典型风险事件
技术风险	设计	设计内容不全，设计缺陷、错误和遗漏，应用规范不恰当，未考虑地质条件，未考虑施工可能性等
	施工	施工工艺落后，施工技术和方案不合理，施工安全措施不恰当，应用新技术、新方案失败，未考虑场地情况等
	其他	工艺设计未达到先进指标，工艺流程不合理，未考虑操作安全等
非技术风险	自然环境	洪水、地震、雷电、暴雨等不可抗自然力、不明的水文气象条件，复杂的工程地质条件，恶劣的气候，施工对环境的影响等
	经济	通货膨胀或紧缩，汇率变化，市场动荡，社会各种摊派，资金不到位，资金短缺等
	政治、法律	法律、法规变化，战争、骚乱、罢工、紧急制裁或恐怖袭击等
	组织协调	业主、咨询方、设计方、施工方、监理方内部的不协调以及他们之间的不协调等
	合同	合同条款遗漏，表达有误，合同类型选择不当，承发包模式选择不当，索赔管理不力，合同纠纷等
	人力资源	业主人员、咨询人员、设计人员、监理人员、施工人员的素质不高、业务能力不强等
	材料设备	原材料、半成品、成品或设备供货不足或拖延，数量误差或质量规格问题，特殊材料和新材料的使用问题，过度消耗和浪费，施工设备供应不足，类型不配套，故障、安装失误、选型不当等

根据项目初始风险清单，对本项目典型风险事件进行归纳、识别。然后组织专家进行评审，采用专家评审会法进行本项目实施前风险定性综合估计。参与评审会的专家成员主要包括市政工程、道路工程、桥梁工程、给水排水工程及相关专业领域教授级高级工程师或有丰富的相关市政工程经验的高级工程师。依据专家组成员丰富的市政工程项目管理经验，组织了两次专家初审会，对本项目风险因素进行分别、分类、归纳。最后进行综合打分。第一次评审打分得出质量风险、组织风险、环境风险、技术风险、可行性研究期风险、设计期风险、费用风险、进度风险，风险水平均高于 0.60。经过筛选整理，第二次评审打分得出成彭高速入城改造项目风险主要评分综合表，分析得到施工期风险、进度（工期）风险、费用（造价）风险三个风险项目的风险水平较高并超过了项目风险基准水平 0.60 的标准，需要重点关注的风险内容见表 3.7-2。

需要重点关注的风险内容　　　　　　　　　　　　　　表 3.7-2

风险项目	费用（造价）风险	进度（工期）风险	质量风险	组织风险	环境风险	技术风险	风险权重
可行性研究期	5	6	2	7	3	6	31
设计期	6	8	5	2	2	7	30
招标期	6	3	2	3	2	5	21
施工期	8	9	7	3	8	3	38
运行期	2	2	2	1	6	2	15
合计	27	28	18	16	21	25	135

注：风险权重取值在 0～9 之间，0 代表不成为风险，9 代表风险最大。

从表 3.7-2 可以看出，项目最大权重风险＝$5 \times 6 \times 9 = 270$，本项目整体风险水平＝$135 \div 270 = 0.50$。依照项目评价基准水平＝0.60 判断，本项目的风险低于基准水平，即项目不存在太大风险，项目可行。

同时，分析得到施工期风险、进度（工期）风险、费用（造价）风险三个风险项目的风险水平较高并超过了项目风险基准水平 0.60 的标准，需要重点关注。

该项目六大风险中的进度风险因素主要有：

（1）交通组织风险；

（2）预期施工风险；

（3）相关部门协调配合不力风险；

（4）设计变更风险。

在关键路线中，工程开工打围后，由于处于交通要道，交通组织管理要求高；A、B 段桩基础施工遭遇雨季，可能导致进度滞后；相关职能部门（交通、水务、城管及当地街道办等）可能会有协调配合风险，导致部分路段施工滞后，影响进度；市政工程由于政府意志干涉，可能会导致设计变更，影响到进度。施工单位组织相关专家对各进度风险事件打分赋权，按 5 个级别评价风险事件发生的可能性，且确定风险标准为 0.80，结果如表 3.7-3 所示。

各进度风险事件评价表　　　　表 3.7-3

风险事件	权重 w_i	风险事件发生的可能性 p_i					m_i $=w_i p_i$
		很大 (1)	较大 (0.80)	中等 (0.60)	不大 (0.40)	较小 (0.20)	
交通组织	0.25			√			0.15
雨期施工	0.20	√					0.20
相关部门协调配合不力	0.35		√				0.28
设计变更	0.20			√			0.12

$M = \sum M_i = w_i p_i = 0.75 < 0.80$

可见，施工单位可以按原进度计划进行施工组织安排。但是，从子项目受各风险事件影响程度来看，风险最高的"相关部门协调配合不力"应该采取风险应对措施，以确保工程施工进度。其他风险因素的得分排序为：雨期施工＞交通组织＞设计变更，风险管理资源应该按照这个排序进行分配。

具体对策和措施如下：

（1）相关部门协调配合不力风险的应对措施。此项风险属于非技术风险，也是业主方的风险，可采用风险转移或规避的做法。

1）严格做好风险因素预测，定期召开协调会，提前做好防范措施。

2）加强与相关职能部门的沟通，利用市政工程特性的优势（政府工程），多利用政府"绿色通道"政策等有利因素。

（2）对雨期施工风险的应对措施。雨期施工引起的进度风险，是自然环境风险，属项目外风险，可采用风险规避的做法。

1）以预防为主，采用防雨措施及加强现场排水手段；加强气象信息反馈，及时调整施工计划，将因在雨天施工对工程质量有影响的工作内容避开雨中施工。

2）对机电、塔吊的设备的电闸箱采取防雨、防潮等措施，并安装接地保护装置。

3）原材料及半成品保护，采取防雨措施并垫高堆码和通风良好。

4）雨中浇筑混凝土时，应及时调整混凝土配合比；室外装饰要采用遮盖保护；脚手架、斜道等要防滑且必须安全、牢固；露天使用电器设备防雨罩，且必须有防漏电装置。

5）做好施工现场的排水工作，保证雨天排水通畅，现场不得大片存水，并对道路进行修补，以保证车辆行走。

6）做好物资供应和储备，并应对水泥等易受潮材料实行保护。

7）根据天气情况合理安排工作内容，对遭受雨水冲刷的部位在晴天及时进行修补。

8）雨天搅拌砂浆时，砂中不得带有泥块，对砂的含水率及时进行测定，将理论配合比换算成施工配合比。

（3）对交通组织风险的应对措施。交通组织是业主方的风险，属非技术风险，应该严格按照合同条件进行现场管理，同时采用风险规避的做法：

1）施工现场内部要严格规章制度，岗位职责分明，加强现场监督力度，做好安全文明施工措施的保障。

2）采取适应的施工组织方式，既不影响工期又对交通组织的压力减小至最低。

3）加大与交通管理部门和当地街道办的协调沟通力度，对交通组织风险要提前预见，及时采取保障措施。

4）施工物资运输采用错开附近道路交通高峰期的办法，确保各种材料设备等按计划运抵现场，避免停工待料。

（4）对设计变更风险的应对措施，设计变更风险是业主方的风险，也属于技术风险，应严格按照合同条件进行管理，采用风险转移的方法。

1）在施工合同中严格规定，非承包商原因导致设计变更，致使工程不能按批准方案进行的，由建设单位承担相应的进度责任。

2）严格对设计变更的控制，对未造成事实的变更，严格要求按既定程序报审，经批准同意后方能实施。

3）要求甲方代表、代理业主及监理方全程监督工程项目实施，严格预防及控制未上报批准、既成事实的变更发生。对正在发生的未报审的变更要及时予以制止，采取切实措施予以补救。

其他风险分析和应对措施略。

二、某公司合同重大风险"红线"标准表

某公司合同重大风险"红线"标准表见表 3.7-4。

某公司合同重大风险"红线"标准表　　　　　　　　表 3.7-4

序号	内容	"红线"标准
1	合同主体	签约主体为非法人单位或签约主体出现两个及以上法人单位
2	工程赢利	工程纯盈利水平低于合同造价的 5%
3	承包形式	固定总价包干或固定单价包干，主材乙供或价格闭口的
4	合同工期	1. 工期缩短超过国家定额工期的 20% 及以上； 2. 或工期缩短超过国家定额工期的 15% 及以上，且工期违约罚款高于合同总价 0.5‰/天。没有约定罚款或罚款上限高于 5%
5	合同质量	合同约定质量目标为鲁班奖或国家优质工程或合同约定质量目标为省优，且违约罚款标准超过合同造价的 1% 或 50 万元
6	合同付款	按月进度付款，比例低于 70% 或按形象进度付款，付款间隔周期超过两个月且比例低于 80% 或垫资超过了工程造价的 10%，或其额度超过 500 万元以及无垫资能力分公司投标的需公司总部投入资金的工程
7	合同担保	1. 需缴纳合同造价 5% 及以上现金履约保证金，或其额度超过 500 万元的工程； 2. 业主要求提供无条件转让保函
8	竣工结算	没有约定结算方式和时间或约定的结算时间超过 6 个月

续表

序号	内容	"红线"标准
9	相关承诺	1. 业主要求承诺放弃使用优先受偿权 2. 业主要求承诺放弃任何性质的索赔 3. 业主要求承诺执行实际履约合同，但备案合同条件劣于实际履约合同，特别是造价低于实际履约合同或承包范围不一致的
10	其他	合同约定除工期和质量违约责任外，其他性质的违约造成 100 万元以上的经济处罚，或无条件退场，或不予结算，或按一定比例（低于 100%）结算的（未明确非己方原因造成退场免责的）

三、重庆某桥梁工程项目风险管理案例

（一）大桥概况

绕城东枢纽互通主线 1 号桥位于重庆迎龙镇龙顶村境内。本桥标准按设计行车速80km/h。绕城东枢纽互通主线 1 号里程为 K1＋341～K2＋723.540，全长 382.54m，中心里程为 K1＋523.5。本桥平面位于 A-573.399 右偏缓和曲线、半径 $R＝1500$m 的右偏圆取向上，纵面位于 1.12% 的上坡段。设计 10 墩 2 台，桥梁下部构造 0 号台、12 号台为直径 1.2m 桩承台基础，桩长 16m，1 号墩、2 号墩、6 号墩、7 号墩、8 号墩为直径 2m 桩基础，桩长 20m。3 号墩、4 号墩、5 号墩为直径 1.8m 桩基础，桩长 18m。9 号墩、10 号墩、11 号墩为直径 1.5m 桩基础，桩长为 20m。墩台身结构形式 0 号台、12 号台为肋板台，3 号～5 号墩为薄壁墩，其余为柱式墩。上部构造为 5×40m 的预应力混凝土用 T 梁＋4×25m 预应力混凝土用现浇箱梁＋3×25m 预应力混凝土现浇箱梁。

1. 地层岩性

测区范围内覆土主要有：地基处上覆第四系地层，岩层为侏罗系中统上沙溪庙组砂岩及泥质粉砂岩，岩体稳定，各层岩土特征分述如下：

（1）粉质黏土：黄褐色，土质不均，黏性一般，土质松散，该层位一般残破积黏性土，厚度薄，硬塑性。

（2）块石土：杂色，成棱角状，次棱角状，该层主要分布位于沟谷地区，松散状。

（3）填筑土：该层主要分布于冲沟的沟底，松散状，该层承载力较低，工程地质性质较差。

（4）强风化砂岩：暗紫红色，该层地表出露较少，节理裂隙发育，岩体较破碎，岩芯质较软，敲击易断。

（5）强风化泥质粉砂岩：暗紫红色，该层分布较广，地表出露较多，节理裂隙发育，岩体较破碎，岩芯质较软，敲击易断。

（6）中风化砂岩：浅灰绿色，该层节理裂隙，岩体较完整，多呈柱状，岩芯质较硬，敲击不易碎，声音较脆。

（7）中风化泥质粉砂岩：紫红色，暗紫红色，该层节理裂隙稍发育，岩体较完整，多成柱状、扁柱状，岩芯质较硬，敲击不易碎。

2. 地质构造

桥梁地质构造位于明月下背斜西翼，区内构造简单，未发现断层通过。互通起点段岩层产状 312°＜29°，沿线经过处产状为 300°＜30°，主线左侧区域产状 310°＜45°，右侧区域产状 298°＜30°，根据地标工程地质测绘及钻孔揭露，泥岩裂隙不发育，砂岩裂隙较发育。

3. 地震动参数

根据《中国地震动参数区划图》GB 18306—2001，本段地震峰值加速度 0.05g（地震基本烈度 6 度），地震反应谱特征周期为 0.35s。

4. 自然地理特征

(1) 地形地貌及水文地质条件

本桥地形位于较宽缓的槽谷地区，地势较平缓，1 号、2 号墩位于陡坡上，3 号、4 号、5 号墩位于河沟地带，7 号～8 号墩跨越重庆迎龙镇到明月沱二级公路，9 号～11 号墩位于山坡缓坡地带。

(2) 工程地质及气象特征

根据地质资料和勘探资料，勘探深度底层为粉质黏土、中风化砂岩。气候属于亚热带季风气候，具有春早夏长、温暖湿润，雨量充沛，秋雨连绵，冬暖多雾的特点。

多年平均气温 18.3℃，平均雨量 1163.3mm，相对湿度约为 81%，平均无霜期为 314.9 天左右，平均风速 1.40m/s。

(二) 评估过程和评估办法

识别风险的思路很多，本次风险识别主要以专家调查评议为主。根据该项目提供的资料、地质报告及水文地质条件，结合施工设计、施工方案、施工方法和施工工艺进行综合类比分析，并对照国家标准、部门及行业规章进行识别分析。

1. 成立风险评估专家组

具有工作经验的且对工程风险有足够认识的高级工程师和工程师组成。

2. 评估办法

以设计图地质资料和两阶段施工图设计中的风险评价结果为主线，综合运用定性与定量分析进行评估。具体采用了专家评议法定性分析和风险评价矩阵法及指标体系法定量分析的办法来对本项目进行风险评估。

(三) 绕城互通主线 1 号桥风险评估

1. 在开工前根据桥梁的建设规模、地质条件、气候环境条件、地形地貌、桥位特征及施工工艺成熟度等，评估桥梁的整体风险，估测其安全等级（见表 3.7-5）。

主线 1 号桥风险评估指标体系　　　　　　　　　表 3.7-5

评估指标	分类	分值	得分
建设规模（A1）	$100m \leqslant L < 1000m$ 或 $L_k \leqslant 40m$	1～2	2
地质条件（A2）	地质条件较好，基本不影响施工安全因素	0～1	1
气候环境条件（A3）	气候条件良好，基本不影响施工安全	0～1	0.5
地形地貌条件（A4）	山岭区：一般区域	0～3	2
桥位特征（A5）	陆地：跨公路桥	3～6	3
施工工艺成熟度（A6）	施工工艺较成熟，国内有关应用	0～1	0.5

根据公式桥梁总体风险值 R：$R=A_1+A_2+A_3+A_4+A_5+A_6=9$。

总体风险等级划分标准见表 3.7-6。

总体风险等级划分标准 表 3.7-6

风险等级	计算分值 R
等级Ⅳ（极高风险）	14 分及以上
等级Ⅲ（高度风险）	9~13 分
等级Ⅱ（中度风险）	5~8 分
等级Ⅰ（低度风险）	0~4 分

根据总体风险划分标准，主线 1 号桥总体风险等级Ⅲ级，需要对其作专项风险评估。

2. 专项风险评估

施工作业程序分解后，通过评估小组讨论、专家咨询等方式，分析评估单元内可能发生的典型事故类型，形成本桥梁的风险源普查清单（表 3.7-7）。

桥梁施工安全风险源普查清单 表 3.7-7

序号	风险源	判断依据
1	管理不当	专家咨询
2	施工工人	小组讨论
3	材料	相关人员调查
4	安全设施	专家咨询
5	操作不当	相关人员调查
6	作业不当	小组讨论
7	物体打击	专家咨询
8	作业环境	小组讨论

3. 风险分析

评估小组从人、机、料、法、环等方面对可能导致事故的致险因子进行分析，致险因子分析应采用系统安全工程的方法，通过评估小组讨论会的形式实施，并采用鱼刺图法进行分析（图 3.7-1）。

分析致险因子时应找到可能导致事故放生的物的不安全状态和人的不安全行为，并结合以往施工中发生的典型事故得出如下事故类型对照表（表 3.7-8）和风险源风险分析表（表 3.7-9）。

桥梁施工事故类型对照表 表 3.7-8

主要作业内容 \ 事故类型	物体打击	高处坠落	触电	起重伤害	机械伤害	车辆伤害	中毒窒息	坍塌	容器爆炸
人工挖孔灌注桩	☆	☆					☆	☆	
墩柱施工	☆	☆		☆				☆	
模板，支架和拱架安装与拆除	☆	☆						☆	
钢筋工程作业	☆		☆		☆				☆

续表

事故类型 主要作业内容	物体打击	高处坠落	触电	起重伤害	机械伤害	车辆伤害	中毒窒息	坍塌	容器爆炸
满堂脚手架现浇法作业	☆	☆		☆	☆			☆	
临时设施（吊塔，龙门架）拆除	☆	☆						☆	
架桥机安装作业		☆						☆	
钢筋混凝土和预应力混凝土梁式桥上部结构施工	☆	☆		☆	☆				

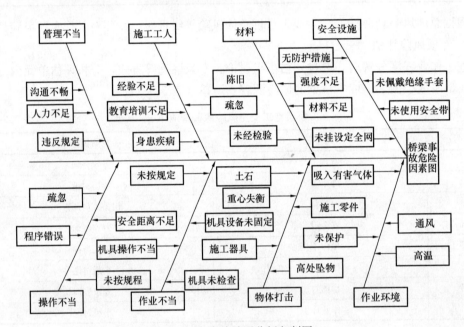

图 3.7-1　事故致因分析鱼刺图

风险险分析表　　　　　　　　　　　表 3.7-9

施工作业内容	潜在事故内容	至险因子	受伤害人类型	伤害程度	不安全状态	不安全行为	备注
人工挖孔灌注桩	高处坠落	安全设施	作业人员本身	轻、重伤		☆	
	坍塌	作业环境	作业人员本身及同一起所其他人员	重伤、死亡	☆	☆	
	物体打击	物体打击	同一作业面其他人员	轻、重伤		☆	
	中毒窒息	作业环境	作业人员本身	重伤、轻伤	☆		
墩柱施工	高处坠落	安全设施	作业人员本身	轻、重伤		☆	
	坍塌	作业环境	作业人员本身及同一起所其他人员	重伤、死亡	☆	☆	
	起重伤害	作业不当	同一作业面其他人员	轻、重伤、死亡	☆		
	物体打击	物体打击	同一作业面其他人员	轻、重伤		☆	

续表

施工作业内容	潜在事故内容	至险因子	受伤害人类型	伤害程度	不安全状态	不安全行为	备注
钢筋工程施工	容器爆炸	作业不当	作业人员本身及同一起所其他人员	轻、重伤		☆	
	触电	安全设施	作业人员本身	轻、重伤、死亡		☆	
	物体打击	物体打击	同一作业面其他人员	轻、重伤		☆	
	机械伤害	操作不当	作业人员本身	轻、重伤		☆	
模板、支架和拱架安装与拆除	高处坠落	安全设施	作业人员本身	轻、重伤		☆	
	坍塌	施工人员	作业人员本身及同一起所其他人员	轻、重伤、死亡	☆	☆	
	物体打击	物体打击	同一作业面其他人员	轻、重伤		☆	
临时设施（塔吊，龙门架）拆除	坍塌	施工人员	作业人员本身及同一起所其他人员	轻、重伤、死亡	☆	☆	
	物体打击	物体打击	同一作业面其他人员	轻、重伤		☆	
	高处坠落	安全设施	作业人员本身	轻、重伤		☆	
满堂脚手架现浇法作业	高处坠落	安全设施	作业人员本身	轻、重伤		☆	
	起重伤害	作业不当	同一作业面其他人员	轻、重伤、死亡	☆		
	坍塌	施工人员	作业人员本身及同一起所其他人员	轻、重伤	☆	☆	
	物体打击	物体打击	同一作业面其他人员	轻、重伤		☆	
	机械伤害	操作不当	作业人员本身	轻、重伤		☆	
钢筋混凝土和预应力钢筋混凝土梁式桥上部结构施工	高处坠落	安全设施	作业人员本身	轻、重伤		☆	
	机械伤害	操作不当	作业人员本身	轻、重伤		☆	
	物体打击	物体打击	同一作业面其他人员	轻、重伤		☆	
	起重伤害	作业不当	同一作业面其他人员	轻、重伤、死亡	☆		

4. 风险估测

风险估测是采用定性的定量的方法对风险事故发生的可能性及严重程度进行数量估算。风险估测方法应结合工程施工内容、安全管理方案、可能发生的事故特点等因素确定。评估小组通过风险矩阵法和指标体系法对本桥梁进行了风险估测，形成了风险估测汇总表（表 3.7-10）。

风险估测汇总表　　　　　　　　　　　　　　　　表 3.7-10

编号	风险源		风险估测			
	作业内容	潜在事故类型	严重程度		可能性	风险大小
			人员伤亡	经济损失		
1	人工挖孔灌注桩	坍塌	一般	一般	偶然	中度
		物体打击	一般	一般	很可能	高度
		高处坠落	一般	一般	可能	中度
		中毒窒息	一般	一般	不太可能	低度

续表

编号	风险源		风险估测			
	作业内容	潜在事故类型	严重程度		可能性	风险大小
			人员伤亡	经济损失		
2	墩柱施工	坍塌	重大	重大	偶然	高度
		物体打击	较大	一般	很可能	高度
		高处坠落	较大	一般	很可能	高度
		起重伤害	较大	一般	偶然	中度
3	模板，支架和拱架安装与拆除	高处坠落	一般	一般	可能	中度
		物体打击	一般	一般	可能	中度
		坍塌	重大	重大	偶然	高度
4	钢筋工程施工	容器爆炸	重大	较大	不太可能	中度
		触电	一般	一般	很可能	高度
		物体打击	一般	一般	可能	中度
		机械伤害	一般	一般	很可能	高度
5	满堂脚手架现浇法作业	高处坠落	较大	一般	可能	高度
		起重伤害	较大	较大	偶然	中度
		坍塌	重大	重大	可能	高度
		物体打击	较大	较大	可能	高度
		机械伤害	较大	一般	可能	高度
6	临时设施（塔吊，龙门架）拆除	坍塌	重大	较大	偶然	高度
		物体打击	一般	一般	偶然	中度
		高处坠落	一般	一般	偶然	中度
7	钢筋混凝土和预应力混凝土梁式桥上部结构施工	高处坠落	较大	一般	可能	高度
		起重伤害	较大	一般	偶然	中度
		物体打击	较大	一般	可能	高度
		机械伤害	一般	一般	可能	中度

四、重大风险源风险估测

重大风险源估测按《建筑施工安全检查标准》JGJ 59—2011 推荐的风险矩阵法和指标体系法进行动态风险估测。其中事故可能性取决于物的状态引起的事故可能性与人的因素及施工管理引起抵消耦合。事故可能性的等级分为四级，见表 3.7-11。

事故可能性等级标准 表 3.7-11

概率范围	中心值	概率等级描绘	概率等级
>0.3	1	很可能	4
0.03~0.3	0.1	可能	3
0.003~0.03	0.01	偶然	2
<0.003	0.001	不太可能	1

事故严重程度主要考虑人员伤亡和直接经济损失。根据人员伤亡类别或直接经济损失其等级分为四级，见表 3.7-12、表 3.7-13。

按人员伤亡等级标准　　　　表 3.7-12

等级	1	2	3	4
定性描述	一般	较大	重大	特大
人员伤亡	死亡（失踪）<3 或重伤<10	3≤死亡（失踪）<10 或 10≤重伤<50	10≤死亡（失踪）<30 或 50≤重伤<100	死亡（失踪）≥30 或重伤≥50

按直接经济损失等级标准　　　　表 3.7-13

等级	1	2	3	4
定性描述	一般	较大	重大	特大
经济损失（万元）	$Z<10$	$10≤Z<50$	$50≤Z<500$	$Z≥500$

专项风险等级划分为四级，见表 3.7-14。

专项风险等级标准　　　　表 3.7-14

可能性等级	严重等级程度	一般	较大	重大	特大
		1	2	3	4
很可能	4	高度Ⅲ	高度Ⅲ	极高Ⅳ	极高Ⅳ
可能	3	中度Ⅱ	中度Ⅲ	高度Ⅲ	极高Ⅳ
偶然	2	中度Ⅱ	中度Ⅱ	高度Ⅲ	高度Ⅲ
不太可能	1	低度Ⅰ	中度Ⅱ	中度Ⅱ	高度Ⅲ

1. 重大风险源事故可能性分析

桥梁工程重大风险源风险估测采用定性与定量相结合方法。事故严重程度的估测采用专家调查法，事故可能性的评估采用指标体系法。

（1）安全管理评估指标（表 3.7-15）

安全管理评估指标体系　　　　表 3.7-15

评估指标	分类	赋分值	得分
总承包企业资质　A	三级	3	
	二级	2	
	以及	1	
	特技	0	0
专业级劳务分包企业资质　B	无资质	1	
	有资质	0	0
历史事故情况　C	发生过重大事故	3	
	发生过较大的事故	2	
	发生过一般事故	1	
	未发生过事故	0	0

续表

评估指标	分类	赋分值	得分
作业人员 经验　D	无经验	2	
	经验不足	1	
	经验丰富	0	0
安全管理人员 配备　E	不足	2	
	基本符合规定	1	
	符合规定	0	0
安全投入 F	不足	2	
	基本符合规定	1	1
	符合规定	0	
机械设备配置 及管理　G	不符合合同要求	2	
	基本符合合同要求	1	1
	符合合同要求	0	
专项施工方案　H	可操作性较差	2	
	可操作性一般	1	
	开操作性较强	0	0

根据安全管理评估指标分值公式：$M=A+B+C+D+E+F+G+H=2$。

因为人的因素及施工管理能引起风险的抵消，所以根据安全管理评估指标分值 M 找出预支对应的折减系数 γ，见表 3.7-16。

安全管理评估指标分值与折减系数对照表　　　　表 3.7-16

计算分值（M）	折减系数 γ	计算分值（M）	折减系数 γ
>12	1.12	3≤M≤5	0.9
9≤M≤12	1.1	0≤M≤2	0.8
6≤M≤8	1		

得出本项目的安全管理折减系数 $\gamma=0.8$。

（2）人工挖孔桩作业事故可能性评估指标（表 3.7-17）。

人工挖孔桩作业事故可能性评估指标　　　　表 3.7-17

序号	评估指标	分类	赋分值	得分
1	桩长	L≥15m	4~6	4
2	地形条件	山岭区	2~3	2
3	土石条件	二类条件（黏性土，密实砂性土）	0	0
4	地质条件	施工区域地质条件较好	0~1	0
5	地下水	地下水深层分布，施工基本不可能穿越	0~1	1
6	有毒有害气体	无毒有害气体分布	0	0
7	地下构造物	无地下构筑物分布	0	0
	合计（R）			7

根据公式人工挖孔桩事故可能性分值 $P=r \times R=5.6$，结果四舍五入取整 6，参照表 3.7-18 得出本桥梁人工挖孔桩重大危险源事故可能性等级为 3 级。

典型重大风险源事故可能性标准等级标准　　　　表 3.7-18

计算分值（P）	事故可能性描述	等级
$P \geqslant 14$	很可能	4
$6 \leqslant P < 14$	可能	3
$3 \leqslant P < 6$	偶然	2
$P < 3$	不太可能	1

（3）墩柱施工事故可能性评估指标（表 3.7-19）。

墩柱施工事故可能性评估指标　　　　表 3.7-19

序号	评估指示	分类	赋分值	得分
1	墩柱高度	$10\text{m} \leqslant H < 30\text{m}$	1～3	1
2	气候环境条件	气候环境条件一般，可能影响施工安全，但不显著	1～3	1
3	施工方法	支架模板法	1～3	2
4	临时机构设计	采用专业设计方案	0～1	0
	合计（R）			4

根据公式墩柱施工事故可能性分值 $P=r \times R=3.2$，结果四舍五入取证 3，参照表《典型重大风险源事故可能性标准等级标准》得出本桥梁墩柱施工重大危险源事故可能性等级为 2 级。

（4）满堂脚手架现浇法作业事故可能性评估指标见表 3.7-20。

满堂脚手架现浇法作业事故可能性评估指标　　　　表 3.7-20

序号	评估指标	分类	赋分值	得分
1	支架规模	$H \geqslant 8\text{m}$，塔设跨度 18m 以上，施工总荷载 15kN/m² 及以上；集中线荷载 2015kN/m²	4～6	4
2	地形及基础岩土条件	地质条件较好，基本不存在影响施工安全因素	0～1	0
3	气候环境条件	气候环境条件一般，可能影响施工安全，但不显著	1～3	1
4	支架设计	采用专业设计方案	0～1	0
5	交通状况	跨线公路	3～6	4
	合计（R）			9

根据公式满堂脚手架现浇法作业可能性分值 $P=\gamma \times R=7.2$，结果四舍五入取整 7，参照表《典型重大风险源事故可能性标准等级标准》得出本桥梁满堂脚手架现浇法作业重大危险源事故可能性等级为 3 级。

（5）重大风险源风险等级汇总

根据事故发生的可能性和严重程度等级，采用风险矩阵法确定本桥梁具体施工作业活动的风险等级，并形成重大风险源等级汇总表（表 3.7-21）。

重大风险源风险等级汇总表　　　　　　　　　　　表 3.7-21

重大风险源	事故可能性等级	严重程度等级		风险等级	评定理由
		人员伤亡	经济损失		
人工挖孔桩孔壁坍塌	3	1	2	Ⅲ	专家调查法、风险矩阵法
墩柱施工坍塌	2	3	3	Ⅲ	专家调查法、风险矩阵法
模板、支架安装与拆除坍塌	2	3	3	Ⅲ	专家调查法、风险矩阵法
钢筋工程触电	4	1	1	Ⅲ	专家调查法、风险矩阵法
满堂脚手架高处坠落	3	1	2	Ⅲ	专家调查法、风险矩阵法
满堂脚手架坍塌	3	3	3	Ⅲ	专家调查法、风险矩阵法
满堂脚手架物体打击	3	1	1	Ⅲ	专家调查法、风险矩阵法
塔吊、龙门吊拆除坍塌	2	3	2	Ⅲ	专家调查法、风险矩阵法
上部结构施工高处坠落	3	2	1	Ⅲ	专家调查法、风险矩阵法
上部结构施工物体打击	3	2	1	Ⅲ	专家调查法、风险矩阵法

五、风险控制

1. 一般风险源控制

一般风险控制措施应根据有关技术标准、安全管理要求来制定。一般风险源应对的触点、高处坠落、物体打击等事故的风险控制措施应简明扼要，明确安全防护、安全警示、安全教育、现场管理等方面的内容。

2. 重大风险源控制

为创造一个安全稳定的施工环境并保证项目管理目标的顺利实现和项目施工过程中方案的科学化、合理化，降低各种经济风险、决策风险等不稳定因素，针对本项目的特点，针对可能存在的重大危险源编制了相对应的专项施工方案、应急预案并举办了相应的安全培训教育。其措施见表 3.7-22～表 3.7-24。

人工挖孔桩施工风险防控对策　　　　　　　　　表 3.7-22

序号	风险防控对策及建议
1	人工挖孔桩施工前，应根据桩的直径、桩深、土质、现场环境等状况进行泥浆护壁结构的设计，编制施工方案和相应的安全技术措施，并经企业负责人和技术负责人签字批准
2	人工挖孔桩施工前应对现场环境进行调查，掌握以下情况： （1）地下管线位置、埋深和现况。 （2）地下构筑物（人防、化粪池、渗水池、古坟墓等）的位置、探深和现况。 （3）施工现场周围建（构）筑物、交通、地表排水、振动源等情况。 （4）高压电气影响范围
3	人工挖孔桩施工前，工程项目经理部的主观施工技术人员必须向承担施工的专业分包负责人进行安全技术交底并形成文件。交底内容应包括施工程序、安全技术要求、现况地下管线和设施情况、周围环境和现场防护要求等
4	人工挖空作业前，专业分包负责人必须向全体作业人员进行详细的安全技术交底，并形成文件

续表

序号	风险防控对策及建议
5	施工前应检查施工物资准备情况，确认符合要求，并应符合下列要求： 施工材料充足，能保证正常的、不间断的施工。 施工所需的工具设备（辘轳、绳索、挂钩、料斗、模板、软梯、空压机和通风管、低压变压器、手把灯等）必须完好、有效。 系入孔内的料斗应由柔性材料制作
6	当土层中有水时，必须采取措施疏干后方可施工
7	人工挖孔桩必须采用混凝土护壁；首节护壁应高于地面 20cm；相邻护壁节间应用锚筋相连。护壁强度达 5MPa 后方可开挖下层土方。施工中必须按施工设计要求的层深，挖一层土方施工一层护壁，严谨超要求开挖、后补做护壁的冒险作业
8	人工挖空作业过程中应满足下列要求： （1）每孔必须两人配合施工，轮换作业。孔下人员连续作业不得超过 2h，孔口作业人员必须监护孔内人员的安全。 （2）孔下操作人员必须戴安全帽。 （3）桩孔周围 2m 范围内必须设护栏和安全标志，非作业人员禁止入内。3m 内不得行使或停放机动车。 （4）严谨孔口上作业人员离开岗位，每次装卸土、料时间不得超过 1min。 （5）土方应随挖随运，暂不运的土应堆在孔口 1m 以外，高度不得超过 1m。孔口 1m 范围内不得堆放任何材料。 （6）料斗装土、料不得过满。 （7）孔口上作业人员必须按孔内人员指令操作辘轳。向孔内传送工具不得大于 50cm，严谨超挖。 （8）作业人员上下井孔必须走软梯。 （9）暂停作业时，孔口必须设围挡和按安全标志或用盖板盖牢，阴暗时和夜间应设警示灯
9	施工中孔口需要垫板时，垫板两端搭放长度不得小于 1m，垫板宽度不得小于 30cm，板厚不得小于 5cm。孔径大于 1m 时，孔口作业人员应系安全带并扣牢保险钩，安全带必须有牢固的固定点
10	料斗和吊索应具有轻、柔软性能，并有防坠装置
11	孔内照明必须使用 36V（含）以下安全电压
12	人工挖孔作业中，应监测孔内空气质量，确定符合国家现行标准的要求，并应满足下列要求：孔内空气中氧气浓度应符合现行《缺氧危险作业安全规程》GB 8958—2006 的有关要求；有毒有害气体浓度应符合本规程附录 N 的有关要求。 现场必须配备气体检测仪器。 开孔后，每班作业前必须打孔盖通风，经检测氧气、有毒有害气体浓度在要求范围内并记录，方可下孔作业；检测合格厚未立即进入孔内作业时，应在进入作业前重新进行检测，确认合格并记录。 孔深超过 5m 后，作业中应强制通风
13	施工现场应配有急救用品（氧气等）。遇塌孔、地下水涌出、有害气体等异常情况，必须立即停止作业，将孔内处于人员立即撤离危险区。严谨擅自处理、冒险作业
14	两桩净距小于 5m 时，不得同时施工，且一孔浇筑混凝土的强度达 5MPa 后，另一孔方可开挖
15	夜间不得进行人工挖孔施工
16	人工挖空过程中，必须设安全管理人员对施工现场进行检查监控，掌握各桩孔的安全桩孔，消除隐患，保障安全施工

续表

序号	风险防控对策及建议
17	挖孔施工中遇岩石爆破时，孔口应覆盖防护，爆破施工应符合有关安全作业要求
18	人工挖孔施工过程中，现场应设作业区，边界必须设围挡和安全标志、警示灯，非施工人员禁止入内

注：人工挖孔桩施工前，风险防控应重点考虑坍塌事故、物体打击事故、高处坠落事故以及中毒窒息事故类型。

支架法现浇施工风险防控对策 表 3.7-23

序号	风险防控对策
1	施工前，根据结构特点，混凝土施工工艺和现行的有关要求对支架进行施工专项安全设计，并制定安装，拆除程序及安全技术措施
2	使用材料满足下列要求：材质应符合现有国家相关技术标准；具有资质企业生产，具有合格证，并经验收确认质量合格；不得有裂纹，变形和腐蚀等缺陷
3	立柱应置在平整，坚实的地基上，立柱底部应铺设垫板或混凝土垫块；地基处应有排水措施，严禁被水浸泡
4	支架的立柱应置于平整，坚实的地基上，立柱底部应铺设垫板或混凝土垫块；地基处应有排水措施，严谨被水浸泡
5	支架较高时，设一组揽风绳
6	跨越公路时应满足下列要求：（1）施工前，应制定模板，支架支设方案和交通疏导方案并经交通部门批准。（2）模板，支架的净高，跨度应依据道路交通管理部门的要求确定，并设相应的防撞和安全标志。（3）位于里面上的钢管四周和路面边缘的支架靠路一侧必须设防护桩和安全标志，夜间设警示灯。（4）安装时有专人疏导交通。（5）施工期间设专人随时检查支架和防护措施，确保符合方案要求
7	支架塔设应满足下列要求：立杆应竖直，2m高度的垂直偏差不得大于1.5cm，每搭完一步支架后，应进行校正
8	钢管安装完成后，应对节点和支撑进行检查，确保符合设计要求
9	钢管应按施工设计要求方法程序拆除；严禁使用机械牵引，推倒的方法拆除
10	拆除前，应先清理施工现场，划定作业区，设专人值守，非作业人员禁止入内，拆除工作必须有作业组长指挥，作业人员必须服从指挥，步调一致，并随时保持道路清洁和交通顺畅
11	拆除作业应自上而下进行，不得上下多层交叉作业
12	拆除支架时，必须确保未拆除部分的稳定，必要时对未拆除部分采取临时加固支撑措施
13	拆除跨越公路的支架应满足下列要求：（1）拆除前，应制定支架拆除方案和交通疏导方案，并报经道路交通管理部门批准。（2）拆除时有专人疏导交通。（3）拆除材料应及时运出现场，经检查确认道路符合交通管理部门要求
14	施工中对不良气候因素进行密切监控，并对支架立柱基础沉降做好监控

注：支架法施工的风险防控重点考虑坍塌事故，高处坠落事故等类型。

墩柱施工风险防控措施　　　　　　　　　　　　　　　　表 3.7-24

序号	风险防控对策
1	采用支架模板法应根据结构特点、混凝土施工工艺和现行的有关要求对支架进行专项安全设计,并按要求安装、拆除程序和安全技术措施
2	墩柱施工应符合下列安全要求: (1) 参加作业的人员必须进行安全技术培训,考核合格方可上岗。 (2) 作业前检查所有的登高工具和安全用具(安全帽、安全带、梯子、跳板、脚手架、防护板、安全网)必须安装可靠,严禁无防护作业。 (3) 高处作业所用的工具、零件、材料等必须装入工具袋。必须从指定的路线上下,严禁人员随起吊物一同上下。不得在高空投掷材料或工具等物;不得将易滚易滑的工具、材料堆放在脚手架上。工作完毕应及时将工具、零星材料、零部件等一切易坠落物件清理干净,以防落下伤人,吊大型零件时,应采用可靠的起吊机具。 (4) 施工中应经常与当地气象台站取得联系,遇有雷雨、六级(含)以上大风时,必须停止施工,并将作业平台上的设备、工具、材料等固定牢固,人员撤离。 (5) 脚手架必须要制定专项施工方案,采取相应的安全技术措施。 (6) 支立模板要按工序操作。当一块或几块模板单独竖立和竖立较大模板时,应设立临时支撑,上下必须顶牢。操作时要搭设脚手架和工作台。整体模板合拢后,应及时用拉杆斜撑固定牢靠,模板支撑不得固定在脚手架上。 (7) 拆除模板作业时,应按顺序分段拆除,不得留有松动或悬挂的模板,严禁硬砸或用机械大面积拉倒。在起吊模板前,应先检查连接螺杆是否全部卸掉,确认无连接后方可起吊。 (8) 浇筑和振捣混凝土时不得冲击、振动模板及其支撑。 (9) 夜间施工应有足够的照明。便携式照明应采用 36V(含)以下的安全电压。固定照明灯具距平台不得低于 2.5m。 (10) 拆除脚手架必须按专项方案要求进行

注:墩柱施工的风险防控重点考虑坍塌事故,高处坠落事故等类型。

附件：某建工集团全面风险管理实施办法

一、某建工集团风险防控管理表（战略风险）

序号	风险名称	风险描述	预警指标	风险发生后对公司影响描述	风险可能性等级					风险损失等级					应对策略	对应岗位
					极低	低	中等	高	极高	较低	轻微	中等	重大	极大		
1	政治风险	公司业务所涉及的国家或地区的政治体制、政策形势、方针政策等方面给公司战略的实现带来的不确定性影响。主要表现在：①公司所在地区和国家的政局稳定状况；②政府行为对公司的影响；③政府基本政策、税收政策、进出口限制等，以及这些政策的稳定性和连续性	①突发政治事件②政府政权更迭③基本政策变化④与东道国政治关系的变化	政治风险一旦发生，会扰乱正常的生产秩序，项目可能被迫停止或终止甚至无法收回投资，给公司造成严重影响和重大的财产损失		√							√		①前期进行详细的风险评估；②与其他公司合作，分散风险；③向本国政府寻求支持；④当地公司合作的可承接性并寻求项目支持；⑤制定应急预案，以时刻应付可能发生的危险	总经济师、企业发展部
2	宏观经济风险	公司宏观经济风险是社会经济结构、经济发展水平、经济体制、宏观经济政策、当前经济状况等因素对公司战略产生的重大影响。主要表现在：①社会经济结构方面主要是公司战略对公司的影响；②经济发展水平方面主要是经国内生产总值的总量给公司带来的影响；③宏观经济政策及当前经济状况对公司的影响	①产业结构变化②GDP总量及增速③CPI/PPI价格指数④国家产业政策	宏观经济风险属系统性风险，是无法完全消除的风险，一旦发生会给公司带来持续、重大、广泛的影响。若宏观经济体发展缓慢，导致固定资产、房地产投资下滑，建筑业市场萎缩，一旦公司出现应措施会产生有相清的风险		√							√		①实时跟踪、研判国家宏观经济政策趋势；②关注产业监管政策变化信息；③根据宏观经济环境变化适时调整公司发展战略和产业结构	总经济师、企业发展部

续表

序号	风险名称	风险描述	预警指标	风险发生后对公司影响描述	风险可能性等级					风险损失等级					应对策略	对应岗位
					极低	低	中等	高	极高	轻微	较低	中等	重大	极大		
3	技术风险	行业技术革新会对公司战略产生重要影响。①基本的技术进步可能导致现有产品被淘汰，或者大大缩短产品的生命周期，竞争对手可能提供更优质的产品，公司丧失竞争优势；②新技术的出现会增加产品需求，可能扩大企业未来新的市场	①新工法；②新专利；③新产品	新技术的出现可能使公司丧失成本优势，更为严重的是可能淘汰公司现有产品			√						√		加大研发投入力度，开发新技术、新产品、新工艺	总工程师、科技质量部、企业发展部
4	行业风险	公司行业风险是建筑业当前业绩和未来前景对公司战略实现状况的影响。公司的行业风险：①建筑业发展现状对公司影响；②建筑行业生命周期对公司的影响；③行业竞争环境对公司影响，包括：行业新进入者的威胁，供应商的议价能力，购买商的议价能力，替代产品的威胁，同业竞争者的竞争强度；④行业经营环境对公司的影响	①市场份额；②固定资产投资增长率；③房地产开发投资增长率；④行业竞争程度	①国内建筑行业竞争异常激烈，整个行业利润率普遍微薄，造成公司营业收入利润的发展亦呈现一定的周期性，这种周期性将造成公司主营业务增长速度的不稳定性，若公司未能对相其有合理的预期并将对公司的经营状况产生不利的影响；②建筑市场准入门槛较低、施工企业数量众多，市场竞争异常激烈，行业竞争强度较大，给公司经营造成较大压力				√					√		①公司采取"一业为主、多业并举"的多元化战略；②提高运行质量，控制生产成本；③转型升级调结构，探索新市场，承揽优质工程；④发挥品牌优势，研发新技术；⑤推进大宗材料集中采购，增强采购议价能力	总经济师、市场营销部、企业发展部、生产部、财务部

二、某建工集团风险防控管理表（市场风险）

序号	风险名称	风险描述	预警指标	风险发生后对公司影响描述	风险可能性等级 极低	低	中等	高	极高	风险损失等级 较低	微	轻	中等	重大	大	应对策略	对应岗位
1	项目真实性风险	跟踪的项目信息不真实	国有资金项目未经招标可签合同、民营企业招标前要求交纳大额现金	造成人力、物力浪费和资金损失		√					√					认真落实项目真实性,提高警惕避免受骗	各经营单位负责人、经营岗位人员
2	项目合法性风险	跟踪的项目建审手续不全,属违章建设	项目立项、土地使用、规划、建设审批手续不齐全	违法建设、施工无法进行,受到行政主管部门处罚		√					√					认真落实项目建审办理情况	各经营单位负责人、经营岗位人员
3	项目垫资风险	合同条件需要垫资或BT,工程款支付比例过低	垫资金额超过企业资金承受能力	造成企业周转资金困难、合同无法履行			√						√			通过投标前评审、合同评审严格把关	各经营单位负责人、项目评审委员、全体人员
4	投标报价风险	优惠幅度过大、投标报价缺、漏、错项	投标报价编制不准确,优惠超出常规幅度	造成项目成本亏损				√						√		认真编制投标文件、理性报价	投标预算编制人员、各经营单位负责人
5	发包人支付能力风险	发包人缺乏必要的支付能力,或资金链出现问题造成支付困难	发包人不按合同约定支付工程款、房地产销售不景气	造成合同无法履行、企业资金不能及时回收,甚至重大资金损失				√							√	认真了解分析发包人实力信誉、做好市场预测,采取必要的担保措施	各经营单位负责人、项目评审委员、全体人员
6	合同条款苛刻风险	合同条款苛刻,发包人转嫁风险、处罚条款重	合同条款违背示范文本通用条款精神、违背清单计价规则原则、处罚上限超过预期利润可承受额度	造成合同履约困难、增大企业风险,影响项目成本					√					√		认真商谈合同,争取有利条款,维护企业利益	各经营单位负责人、项目评审委员、全体人员

三、某建工集团风险防控管理表（生产风险）

序号	风险名称	风险描述	预警指标	风险发生后对公司影响描述	风险可能性等级					风险损失等级					应对策略	对应岗位
					极低	低	中等	高	极高	轻微	较低	中等	重大	极大		
1	对管理人员资质要求	项目经理及项目管理人员不具备相应资质	现场检查	建设行政主管部门通报处罚				√						√	聘用有资质人员	经营单位、人才交流中心
2	对环保要求	现场环境管理不达标	现场检查	环境管理部门通报处罚			√					√			责令停工整改	项目经理
3	工期是否合理（含分阶段工期风险）	工期要求过紧或过宽	总体进度计划	增加施工难度，加大施工成本				√					√		与建设单位协商确定合理工期	项目经理
4	施工现场及临时设施风险	施工现场羊小或者场地过大、临时搭建不符合要求	施工前期策划	增加施工难度，加大施工成本、安全主管部门通报				√				√			分阶段策划、实施	项目生产副经理
5	施工周边环境及布局存在的风险	噪声、扬尘等环境敏感区施工、引起投诉	施工前期策划	增加施工难度，加大施工成本、环境主管部门通报处罚									√		制定落实相应的方案及措施，增加措施费	项目生产副经理
6	现有地下设施风险	地下设施状况不明，引发断水、断电、断气等	现场勘探	影响工期，造成不良社会影响，发生安全事故					√				√		与建设单位协调、查看相应图纸、增加现场勘探	项目生产副经理
7	斜坡、土壤、堤坝等风险	斜坡无支护、土质状况差、提坝水位高	施工策划	滑坡、坍塌、水灾					√					√	与建设单位协商制定专项施工方案及措施，增加措施费	项目经理

四、某建工集团风险防控管理表（质量风险）

序号	风险名称	风险描述	预警指标	风险发生后对公司影响描述	极低	低	中等	高	极高	极微	较低	轻等	中等	重大	极大	应对策略	对应岗位
					风险可能性等级					风险损失等级							
1	工程招投标文件或合同文本中约定工程质量不合格，分部、分项工程质量不明确	①工程招投标文件或合同文本中约定工程或材料设备的质量标准和要求高于现行国家及行业标准；②工程招投标文件或合同文本中约定工程质量检查、检验和验收要求高于现行国家及行业标准；③工程招投标文件或合同文本中约定工程建设单位和总包单位的工作范围、质量管理责任不合理、不明确；④工程招投标文件或合同文本中约定工程质量保修责任、期限不合理、时间约定不合理，质量保修金返还条件、时间约定不合理、不明确	工程招投标文件或合同文本中约定工程或材料设备的质量标准和要求，检验和验收要求，合同文本和常规要求不一致，补充条款约定苛刻，另行约定质量技术标准和要求	引起费用增加，或违约风险			✓							✓		招投标应公平合理，合同文本约定合理，可以实现。对部分过高要求，应增加对等维权免责约定，或考虑提高报价，弥补费用增加	科技质量部负责人，各生产经营单位技术质量负责人
2	工程实施阶段，分部、分项工程质量不合格，出现质量问题或事故损失	①工程施工中，因管理不力及工作失误，出现质量问题或事故，施工部分工作质量不合格，已造成报废工作或返工损失；②工程施工中，因建设、设计、监理和分包或指定分包相关方的原因，出现质量问题或事故，已施工部分工作质量不合格，造成返工或报废等损失	质量检查、检验和验收不合格	出现质量问题或事故，引起工程部分返废，全部返工或报废，工期延长和费用增加，合同违约，造成恶劣社会影响，企业市场信誉受损					✓						✓	建立健全质量管理体系。完善落实质量管理制度。加强质量计划、过程控制，落实质量三检制。配备满足要求的各项资源。加强分包管理。及时收集、分析整理技术资料	企业各级技术质量管理人员

续表

序号	风险名称	风险描述	预警指标	风险发生后对公司影响描述	风险可能性等级					风险损失等级					应对策略	对应岗位
					极低	低	中等	高	极高	轻微	较低	中等	重	极大		
3	工程质量保修阶段,出现质量问题或质量事故	工程质量保修阶段,因设计、施工、使用和物业维护管理等原因,出现质量问题或质量事故,造成返工或报废等损失	建设、使用方投诉	出现质量问题或事故,引起工程部分返工、全部维修、返工或报废,费用增加,造成恶劣社会影响,企业市场信誉受损			✓						✓		建立健全工程回访和售后服务制度。明确快速响应后服务工作,形成售任和流程,及时处理各种投诉。明确投诉原因、质量责任和处理意见,及时回复相关方。做好沟通解释使用方等的工作,减少负面影响	生产经营单位回访和工程回访和售后服务工作负责人

五、某建工集团风险防控管理表（安全风险）

序号	风险名称	风险描述	预警指标	风险发生后对公司影响描述	风险可能性等级					风险损失等级					应对策略	对应岗位
					极低	低	中等	高	极高	轻微	较低	中等	重	极大		
1	招标文件或合同条款中违约风险和建设单位直接发包工程的安全生产责任约定合理	①对出现事故隐患、发生生产安全事故作为违约行为,约定的违约金过高;②对于建设单位直接发包工程、直接承担总包工程、直接承包管理的,安全生产责任约定不明确	①对单个事故隐患的处罚高于 5000 元时;②对生产安全事故的处罚高于 10 万元时;建设单位直接发包工程纳入总包管理约定承担总包管理责任。但与分包单位未明确安全责任时	造成经济损失、影响投标活动		✓						✓			①合同评审阶段对安全生产有关违约条款进行修改;②合同中增加对指定分包单位安全生产责任的约定	安全生产监督管理部、生产经营单位合同管理人员

续表

序号	风险名称	风险描述	预警指标	风险发生后对公司影响描述	风险可能性等级					风险损失等级					应对策略	对应岗位
					极低	低	中等	极高	高	较低	轻微	中等	重大	极大		
2	工程施工阶段违反安全生产法律法规及强制性标准	项目部在施工过程中由于安全措施不到位，被政府部门责令停工整改	①施工现场按 JGJ 59—2011 和相关标准自检，达不到合格时；②管理行为不符合法律法规要求时	影响投标活动，造成经济损失		√						√			严格执行安全生产法律法规标准和集团安全制度及标准，落实各项安全措施	项目经理、生产经营单位负责人、安全生产监督管理部
3	高处坠落事故	操作平台不牢固，高处作业吊篮安装不正确使用倾覆；悬空作业、临边、洞口防护不到位导致人员坠落	①施工现场按 JGJ 59—2011 和相关标准自检，达不到合格时；②行业发生较大及其以上生产安全事故时	造成经济损失或安全生产许可证暂扣或资质降低				√					√		①制定预防高处坠落管理方案，并严格实施；②推进工具化定型化防护；③加强安全带使用的管理	项目经理、生产经营单位负责人、安全生产监督管理部
4	坍塌事故	基坑、管沟支护不合格导致基坑坍塌；模板支架、外脚手架搭设不合格导致坍塌；围墙边堆放材料导致坍塌	①施工现场按 JGJ 59—2011 及相关标准规范自检，达不到合格要求；②行业发生较大及其以上生产安全事故时	造成经济损失，安全生产许可证暂扣或资质降低			√						√		①严格执行经企业、监理审批的专项方案；②加强实施过程的监督检查和现场监测	项目经理、生产经营单位、科技质量部、安监部
5	触电事故	现场未严格执行 TN-S 系统和三级配电网络保护或外电防护措施不到位导致触电	①临时用电按 JGJ 59—2011、JGJ 46—2005 自检，达不到合格时；②行业发生较大及其以上生产安全事故时	造成经济损失，安全生产许可证暂扣或资质降低		√							√		①严格执行经企业、监理审批的临电专项方案；②加强实施过程的监督检查	项目部、生产经营单位负责人、科技质量部、安全生产监督管理部

续表

序号	风险名称	风险描述	预警指标	风险发生后对公司影响描述	风险可能性等级					风险损失等级					应对策略	对应岗位
					极低	低	中等	高	极高	轻微	较低	中等	重大	极大		
6	起重伤害	塔吊、施工升降机安装拆卸和使用未严格控制导致起重伤害事故	①起重设备按 JGJ 59—2011 和相关标准自检,达不到合格时;②行业发生较大及其以上生产安全事故时	造成经济损失,安全生产许可证暂扣或资质降低			√						√		①严格执行经企业、监理审批的专项方案;②加强安拆、使用过程的监督检查、维修保养	项目部、生产经营单位负责人、生产管理、科技质量部、安全生产监督管理部
7	物体打击	地面坠落半径范围无合格防护棚或未设置警戒区域,洞口防护不到位导致物体打击事故	①施工现场按 JGJ 80—1991 自检和 JGJ 59—2011,达不到合格时;②行业发生较大及其以上生产安全事故时	造成经济损失,安全生产许可证暂扣或资质降低			√						√		①按规定设置通道、作业区防护棚及坠落区警戒;②加强安全帽的使用管理	项目部、生产经营单位负责人、安全生产监督管理部
8	火灾	宿舍采用易燃可燃材料搭建或消防通道堵塞、动火作业监护不到位等引发火灾事故	①消防管理按 JGJ 59—2011 和 GB 50720—2011 自检,达不到合格时;②行业发生较大及其以上生产安全事故时	造成经济损失,安全生产许可证暂扣或资质降低		√							√		①严格设施工验收和动火审批及监护;②落实消防措施	项目部、生产经营单位负责人、保卫、安全生产管理部
9	自然灾害	因地震、暴雨、滑坡、泥石流等自然灾害引发导致人员伤亡、财产损失	施工所在地气象部门发布预警信息时	财产损失或人员伤亡	√								√		①做好临时建筑施工设施选址的规划;②制定应急预案并演练	项目部、生产经营单位负责人、生产、科技质量部、安全生产监督管理部

六、某建工集团风险防控管理表（财务风险）

序号	风险名称	风险描述	预警指标	风险发生后对公司影响描述	风险可能性等级					风险损失等级					应对策略	对应岗位
					极低	低	中等	中高	极高	较低	轻微	中等	重大	极大		
一	筹资风险															
1	股权结构风险	注册资本中非国有资本比例大，超过国有股份，母公司失去国有股权控制权，改变不通、经营决策失控	国有股权比例	企业利益被少数股东控制，国有资本表决权削弱，容易造成国有资产流失				√						√	国有资本直接和间接持股比例达67%以上	董事会、总经理、总经济师、总会计师、发展部、财务部
2	股东出资风险	各股东不能按章程规定、按期足额认缴的出资额，常年拖欠，使企业注册资本与实收资本不一致，存在虚假出资问题	资本金到位率	资本金不实、自有资金不足、企业发展缺乏动力，会增加融资成本，影响企业深化改革				√						√	严格遵守《中华人民共和国公司法》和公司章程有关规定，按期足额出资，对不按期足额出资者，依法追究相应法律责任	董事会、总经理、总经济师、总会计师、发展部、财务部
3	职工集资风险	依赖职工集资解决流动资金缺口，集资额度较大、利率偏高（超过同期银行基准利率35%），没有固定、统一的退款时间	集资总额、集资利率	到期无法支付本息后，容易引起职工闹事，人心涣散，影响正常经营，损坏企业信誉、扰乱金融秩序				√				√			清理企业内部集资、限制内部集资行为	总经理、总会计师、财务部
4	金融机构融资风险	通过银行借贷、发行债券等方式，为垫资项目、BT项目、或非经营性资产、高风险产业筹集资金，且企业流动资产总额等于或大于企业注册资本，或超过净资产的80%，经营活动、投资活动现金净流量长期均为负数	带息负债比率、已获利息倍数	盲目扩张，出现借款逾期，无力偿还本息等问题为银行"打工"，经营利润被银行攫取、资金链断裂，借款逾期引起企业资产被依法院强制执行、危及到企业生存		√							√		经营规模应持续稳健扩张，要研究科学合理的融资方式（股权筹资、银行借贷、债券、控制好融资规模）	董事会、总经理、总会计师、财务部

续表

序号	风险名称	风险描述	预警指标	风险发生后对公司影响描述	风险可能性等级					风险损失等级					应对策略	对应岗位
					极低	低	中等	高	极高	极微	较低	轻微	中等	重大		
二	投资风险															
1	证券投资风险	从事股票、基金、债券、及其衍生证券(期货、理财产品)等证券产品长短期买卖,未达到预期收益	投资收益率	投资收益率低于预期或营业收入利润率,甚至形成投资亏损,导致国有资产流失				√						√	将证券投资作为企业重大事项进行管理,严格审批程序,提高审批级次	董事会、总经理、总会计师、财务部
2	对外股权投资风险	对集团以外的企业以参股、控股、合资、合作或委托经营等方式进行投资。因投资失误,未达到预期收益	投资收益率	投资收益率低于预期或营业收入利润率,甚至给企业造成损失,导致国有资产流失				√						√	将对外股权投资作为企业重大事项进行管理,严格审批程序,提高审批级次	董事会、总经理、总会计师、财务部
3	非主营投资风险	在主营业务及上下产业链以外的新经济领域投资,寻求新的经济增长点。因缺乏新经济领域管理经验、投资失误,未达到预期收益	投资报酬率	投资收益率低于预期或营业收入利润率,甚至给企业造成损失,导致国有资产流失				√						√	将新领域的投资作为企业重大事项进行管理,严格审批程序,提高审批级次	董事会、总经理、总会计师、财务部
三	运营风险															
1	呆坏账风险	应收账款项(含其他应收款)逐年增加,应收账款项金额大、账龄长、且账龄超过三年的应收账款项所占比例较大(超过30%)	应收账款周转率	影响资金正常周转,增加筹资成本;形成坏账损失				√						√	加强标前评审及合同评审、控制垫报量,加快工程结算、财务决算、建立应收款回收机制	总经理、总会计师、财务部、项目经理、项目财务

续表

序号	风险名称	风险描述	预警指标	风险发生后对公司影响描述	风险可能性等级					风险损失等级					应对策略	对应岗位
					极低	低	中等	较高	极高	微	轻	中等	重	极大		
2	债务诉讼风险	大额举债，负债经营，资产负债率超过95%，应付带息负债比重较大、应付款项金额大且账龄长	资产负债率	影响企业信誉、债务纠纷多、融资难度大				✓					✓		合理运用财务杠杆，控制好负债规模，适当进行债务重组	总经理、总会计师、财务部、项目财务经理、项目财务
3	或有事项风险	已贴现承兑汇票、融资担保、债务诉讼、资金中心逾期借款等或有事项，或有企业带来或有负债风险	或有负债比率	影响企业信誉，可能带来意外损失				✓					✓		加强债务管理，承兑汇票的严格负债融资担保的审批、加强逾期借款的催收	董事会、总经理、总会计师、财务部
4	税务风险	采取隐瞒收入、少列收入，收款不开发票，以及付款结算不要发票或以假发票报销、虚列成本等手段，偷税漏税，或不及时申报纳税	完税率	偷、漏、欠税引起税务检查，给企业带来罚款、滞纳金等经济损失			✓				✓				树立依法纳税意识，加强发票管理，正确核算收入、成本利润，将"完税率"作为绩效考核指标	总经理、总会计师、财务部、项目经理、项目财务
5	关联方交易风险	是否存在公司领导班子成员，分支机构领导班子成员的亲属（父母、子女、兄弟姐妹、堂（表）兄弟，丈夫或妻子的直系亲属等）在企业分包工程、供应材料、提供劳务、联营挂靠等行为	关联方关系	交易可能显失公平，存在操纵成本、人为调节利润等问题，使企业经济效益流失				✓						✓	明令禁止公司领导班子成员、分支机构领导班子成员的亲属同成员的亲属发生经济业务	董事长、纪委书记、纪委、监察室、财务部

续表

序号	风险名称	风险描述	预警指标	风险发生后对公司影响描述	风险可能性等级				风险损失等级					应对策略	对应岗位
					极低	低	中等	极高	较低	轻微	中等	重大	极大		
6	效益风险	收入的增幅低于成本费用的增幅，主营业务盈利微薄，甚至亏损，利润主要来自投资收益或营业外收入	利润总额、收入利润率、成本费用利润率、主营业务毛利率	业绩下滑，出现亏损，开始拖欠职工工资和社保，生产经营举步维艰，企业的生存和发展存在问题			√					√		调结构，转方式，调整经营班子，开源节流，降本增效，扭转经营困境	董事会、总经理、生产副总、经营副总、总会计师、财务部
四	分配风险														
1	企业有可供分配利润，但常年不给股东分红	企业没有科学合理的股利分配政策，为了增加企业现金流，减少融资成本，或逃避个人所得税，常年不给股东分配现金股利	股利分配率	维护了企业和大股东利益，损害了少数股东权益			√			√				制定科学合理的股利分配政策，既考虑企业发展，又有兼顾少数股东利益	董事会、总经理、总经济师、总会计师、发展部、财务部
2	企业将可供分配利润，全部用于股东分红	企业将未分配利润全部用于股利分配，除盈余公积外没有任何结余；股利分配减少了现金流分配减少了现金流净资产	股利分配率	确保了股东眼前的稳定收益，却没考虑企业再投资、再发展对资金的需求，企业积累缓慢，面临资金支付压力，影响企业长远发展								√		制定科学合理的股利分配政策，既维护股东利益，又有考虑企业后续发展	董事会、总经理、总经济师、总会计师、发展部、财务部

七、某建工集团风险防控管理表（法律风险）

序号	风险名称	风险描述	预警指标	风险发生后对公司影响的描述	风险可能性等级					风险损失等级					应对策略	对应岗位
					极低	低	中等	高	极高	轻微	较低	中等	重大	极大		
1	合同签订阶段的法律风险	①合同主体不合格、不合法；②合同文件及解释顺序不完备，不合理；③违约、索赔事项不合法，不合理；④争议管辖条款的约定不合理	没能提供企业法人营业执照；对国家颁布的合同示范文本相关条款进行修改，变动；签订苛刻时刻不充实条款	可能导致合同的无效，一旦发生纠纷，会增加违约成本			✓						✓		严格按照《合同管理办法》及《施工总承包各部门风险控制审核要点》执行	法律事务部
2	合同履约阶段法律风险	未能按照合同约定的质量、安全、工期等要求全面履行合同义务	建设单位要求严格按照合同相关文件对施工的相关函件或会议纪要等	合同违约，一方面将导致企业承受巨大的经济损失，另一方面造成恶劣的社会影响，企业信誉受损				✓						✓	加强合同履约管理，严格按照合同约定的程序，时间进行工期索赔，办理变更事项；及时收集、整理双方往来函件、会议纪要等文件资料，按照《合同管理办法》执行	生产管理部、全监督管理部、各生产经营单位
3	法律、法规修订的法律风险	在签订合同或补充协议中适用旧的法律法规	每年一度的贯标管理体系认证，会要求对本企业适用的法律法规进行及时修订	导致该条款约定无效		✓					✓				按照《三合一体系文件》执行	法律事务部
4	被诉法律风险	没能按照施工合同、材料采购合同、租赁合同等要求全面履约而被诉	合同相对方的履约函件或律师函等函件	承担违约的经济损失、企业信誉受损		✓						✓			严格按照《诉讼与非诉讼案件管理办法》执行	法律事务部、各生产经营单位

单元 4   施工现场标准化管理

第 1 节   工程项目标准化管理

一、标准化管理的基本概念

我国的国家标准《标准化工作指南   第 1 部分：标准化和相关活动的通用术语》GB/T 20000.1—2014 中，将标准定义为："为了在一定的范围内获得最佳秩序，经协商一致制定并由公认机构批准，共同使用的和重复使用的一种规范性文件。"它包含下面三层意思：

（1）制定标准是为了在一定范围内获得最佳秩序。任何有关标准的文件，都会说明其适用的对象和范围。因为，标准本身只在特定的范围内起作用，并不能解决所有的问题，在一定范围内，标准致力于构建一种最佳秩序，有序化的目的是促进最佳的社会效益，当然也包含制定或使用标准各方的利益。

（2）标准在制定过程中要经过有关方面"协商一致"并经工人机构批准。标准不是少数人意志的体现，而是应该以科学、技术和经验的综合成果为基础来完成，所以往往在制定标准的过程中，会涉及来自社会生产活动中各个领域的部门，经过不断协商，最终取得一致，然后通过权威的、被大家认可的机构发布。

（3）标准是共同使用和重复使用的规范性文件，也就是标准具有统一性。一般制定标准的对象是比较稳定的，又反复出现的事物。同时，大家希望能够共同使用它们，不需要规定共同遵守和重复使用的规范性文件的活动和结果，就没有必要制定标准。另外，这也说明标准文件可以是规则，可以是导则性指南文件，也可以是对特定的特性规定等。

标准的四个特性。从标准的概念上可以看出，标准具有前瞻性、科学性、民主性和权威性四个特性。前瞻性：标准是"对活动或结果规定共同的和重复使用的规则、导则或特性的文件"，不仅反映了制定标准的前提，而且也反映了制定标准的目的。科学性：标准是"以科学、技术和实践经验的综合成果为基础"制定出来的。即制定标准的基础是"综合成果"，单单是科学技术成果，如果没有经过综合研究、比较、选择、分析其在实践活动中的可行性、合理性或没有经过实践检验，是不能纳入标准之中的，同样，单单是实践检验，如果没有总结其普遍性、规律性或经过科学的论证，也是不能纳入标准的，这一规定反映了标准的严格的科学性。民主性：标准要"经协商一致制定"，也就是说，在制定标准的过程中，标准涉及的各个方面对标准中规定的内容，需要形成统一的各方可接受的意见，保证了标准的全局观、社会观和公正性，反映了标准的民主性。标准的民主性越突出，标准就越有生命力。权威性：标准是"经一个公认机构批准"。"公认机构"是社会公认的或由国家授权的有特定任务及组成的法定的或管理的实体，经过该机构对标准制定的过程、内容进行审查，确认标准的科学性、民主性、可行性，以特定的形式批准，保证了标准的严肃性，反映了标准发布后的权威性。

标准化的定义是在经济、技术、科学及管理等社会实践中，对重复性事物和概念通过制定、发布和实施标准，达到统一，以获得最佳秩序和社会效益。对现实问题或潜在问题制定共同使用和重复使用的条款的活动，这项活动包括标准化工作总体策划、进行相关现状分析、确定标准编写的人员、结构和格式、形成文本文件、发放到相关组织、监督实施、发现问题等的一系列阶段。简单来说，标准化其实就是制定、发布和实施标准的系统过程，这个过程具有动态性、相对性、实践性、统一性的特点。

1）动态性。标准的制定、发布和实施的过程是一个螺旋式上升的过程。为什么这样说呢？因为从宏观的角度看，无论是一项标准，还是一个标准体系，都在随着时代的步伐向更深的层次和更高的水平变化发展，具有明显的动态性。从标准化活动本身来看，标准化的各个阶段其实是密不可分的环节，上一环节为下一环节打下基础，下一环节向着最终成果——标准更进一步，同时，监督实施直至发现问题的这一环节是为后面随着时代要求的变化修订标准或者制定新的标准提供参考的，而修订标准或制定新的标准又是一个新的进行标准化的过程。

2）相对性。动态性本身就蕴含相对的概念，但是两者之间的区别在于，"动态性"所描述的是一个连续的过程，"相对性"往往是从一个过程中的某一个点和另一个点进行考虑的，就标准化而言，任何已经标准化的事物和概念，都可能随时代的发展、条件的变化，突破共同的规定，从某一个时点开始，可能不再适合作为标准了，而且这不以人的思想意志为转移。例如，有色金属行业中原来有一个标准是《自焙阳极铝电解槽预焙化改造技术规范》，但是目前国内自焙阳极铝电解槽已全部淘汰，所以该标准已无保留意义，于是在 2009 年被废止。

3）实践性。标准化的效果是否良好，要靠标准化的成果——标准在实践中的应用情况才能判别，在实践中证明了符合社会发展规律要求的，才是好的标准化过程。反之，标准化的过程就是不合时宜的。因此，在标准化活动中，标准的贯彻实施是不可或缺的重要环节，没有标准的实施就不可能有什么标准化。

4）统一性。这不仅是标准的本质特征，也是标准化的本质特征。"共同遵循和重复使用的规则"本身就蕴含着统一的意思，标准化过程中，尽量将所提出的要求和方法进行统一，便于各项事务之间的比较，达到最佳秩序。

二、标准化管理的意义

明确了什么是标准和标准化，我们就要思考，为什么要制定标准和实施标准化，标准和标准化的意义在哪里。

我们已经知道，标准化效果的好坏，要靠标准在实践中的情况判别，标准化工作的作用，很大程度上体现为标准的作用。从宏观层面上，标准不仅能够体现一个国家的自主创新能力，跳出他国的知识产权垄断，还能够对经济产生重要的影响，表现最为突出的就是打破贸易壁垒。

这几年经济全球化带来了贸易全球化格局，同时，各国工业化程度、科学技术水平、自然资源条件、文化、体制等方面还都存在着差异，为了维护本国国家安全和人民健康以及保护环境，各国出台的法规、标准都带着本国特色的烙印，生产厂和出口商为了使产品符合不同的国外技术法规和标准，花费巨大，有些国家为了保护本国利益，还利用自身经济和技术优势人为制造贸易壁垒，给国际贸易造成不必要的障碍。英国贸工部和英国标准局联合对各类标准进行量化评估，2005 年标准每年为英国经济直接创造 25 亿英镑的价值，全英国劳动增长率中的 13% 来自各类标准的贡献；德国对标准化经济效益宏观方面的研究发现，2001 年德国在标准化方面的投资是 7.7 亿欧元，而产生的经济效益却是 160亿欧元，这意味着，国民经济增长的 1/3 是由标准化创造的，产生的经济效果相当于国民生产总值的 1%。

在企业中，标准化工作可以通过把企业成员所积累的技术、经验通过文件的方式来加以保存达到技术储备的目的，不会因为人员的流动，整个技术、经验跟着流失，将个人的经验转化为企业的财富，不然，老员工离职时，他将所有曾经发生过问题的对应方法、作业技巧等宝贵经验装在脑子里面带走后，新员工很可能会重复发生以前的问题，即便在交接时有了传授，但是单凭记忆是很难完全记住，其工作结果的一致性可想而知。

标准化工作还能保证生产效率。标准使得产品的质量有了统一性的规定，工作流程中的各个环节有统一的要求，工作岗位有具体的职责，生产劳动建立在一种有序的、互相能够理解的、充分考虑到全局效果的基础上。我们知道，在工厂里，所谓制造就是以规定的成本、规定的工时，生产出品质均匀、符合规格的产品，如果制造现场工序的前后次序随意变更，或作业方法、作业条件因人而异所有改变，将会影响产品的质量和因为作业程序变更造成的生产过程的变化甚至中断，因此需要对作业流程、作业方法、作业条件等加以规定并贯彻执行，使之标准化，更因为有了标准化，每一项工作即使换了不同的人来操作，也不会在效率和品质上出现太大的差异。

标准化还能够帮助企业进行规范管理。例如，ISO 9000 质量管理系列标准、ISO 14000 环境管理系列标准和 OHSAS 18001 职业健康和安全管理系列标准等对企业管理水平提出更高的要求，企业都在研究和实践这些标准，并按照这些标准的要求逐步调整企业结构和管理方式。

三、标准化管理的基本要求

中国食谱中常有"加适量盐"，"加少许糖"等字眼。"适量"是多少？"少许"是几克？很简单的一道菜，十个厨师可能做出十种不同的味道出来，这就是缺少"量"的标准导致的。从企业层面来说，很多企业的标准也有相类似的问题，许多标准操作性差、不明确。例如，"要求冷却水流量适中"，怎样算"流量适中"？不可操作；"要求小心地插入"，怎么样才叫做"小心"？不可理解。其实，一个好的标准，应该满足以下六点要求：

（1）要有目标指向。标准必须是面对目标的，即遵循标准总是能保持生产出相同品质的产品，得到相同的结果，因此，与目标无关的词语、内容不应出现。

（2）显示原因和结果。比如"安全地上紧螺钉"。这是一个结果，应该描述如何上紧螺钉。又如，"焊接厚度应是 $3\mu m$"。这是一个结果，应该描述为："焊接工作施加 3.0A 电流 20 分钟来获得 $3.0\mu m$ 的厚度"。

（3）准确。要避免抽象，"上紧螺钉要小心"，什么才算是小心？不宜出现概念模糊的词语。

（4）量化。并尽可能具体。每个读标准的人必须能以相同的方式来理解标准，为了达到这一点，标准中应该多使用图和数字。例如，使用一个更量化的表达方式，"使用离心机A以100±50rpm转动5～6分钟的脱水材料"，来代替仅有4字的"脱水材料"的表达。

（5）现实。标准必须是现实，即可操作的，标准的可操作性非常重要，可操作性差是国内许多企业制度和标准的通病，我们可以在许多企业车间的墙上看到操作规程、设备保养等标准，很多都只是原则性的规定，不知具体应怎样做和做到什么程度。

（6）修订。在优秀的企业，工作是按照标准进行的，因此标准必须是最新的，是当时正确的操作情况的反映，但是，环境是变化着的，可能适合当时的环境的标准，现在不适合了，需要进行修改，甚至废除。永远不会有十全十美的标准，企业应该时刻保持警惕和清醒的头脑，一般情况下，当任务的种类和要求发生改变，或材料的改变，或设备的改进，或工作方法、工作流程发生改变，或技术的发展使得产品的生产过程或质量水平发生改变，甚至是法律法规发生改变时，都有可能对现有的标准产生影响，需要进行修订。

四、标准化管理的作用

（一）提升品质与效率

21世纪是质量的世纪，而标准与质量是密不可分的，两者相互补充相互提高。产品质量反映产品使用功能的各种自然属性，其中包括产品的性能、效率、可靠性等综合指标，标准就是对产品上述质量特性作出的明确和具体的定量的技术规定，所以，能否提升产品质量和品质，说到底就是标准贯彻实施活动是否有效来决定的，也就是说，标准化工作是进行质量管理的依据和基础，做到标准化才有利于质量的实现，标准化的实施不仅能提升质量，也能在提升质量的时候降低成本，所以越来越多的企业和领域关注标准化。

标准化工作的最终目的就是使企业能够获得最大的经济效益，用经济学的方法解释，企业要获得最大的经济效益，在某种程度上得益于单位成本的降低，而单位成本的降低，往往来自于生产效率的提高。企业通过标准化工作将生产过程通过采用高效率的工艺设备、信息化或者利用新技术进行合理地归纳和简化，控制多样化和复杂化，从而提高单位时间内产品的生产批量，提高生产效率，减少消耗，降低成本，增加企业的经济效益。

（二）推进规范化管理

规范化的"规"是指相关的规定，"范"是指一定的范围和界限，"化"是指一种趋势和方向，规范化就是使事物发展变化符合规定的程序和标准，也就是说，规范化本身是蕴含着标准化的意义的，但是，标准化的内涵却比规范化更为广泛，并且，标准化工作也会推动企业的规范化，因为随着科学技术的发展，生产的社会化程度越来越高，生产规模越来越大，技术要求越来越复杂，分工越来越细，生产协作越来越广泛，这就好比火车从绿皮变成和谐号，技术含量增加很多，速度越来越快，载客量越来越大，但是，并没有人说和谐号的管理比不上绿皮时代，反而认为和谐号的管理较以前更加规范了，因为虽然列车本身发生了改变，但是同时，一系列的规定和制度保证了和谐号快速、高效地运送旅客，也提高了旅客的满意度。现在的企业，管理也是越来越规范了，规范化在某种程度上，意味着减少"人治"，提倡合理地制定和使用标准，保证各职能部门和生产部门的活动，保持高度的统一和协调，使生产能够正常进行，所以说，标准化能够推动企业规范化管理。

五、工程项目标准化管理

工程项目标准化管理是在工程建设领域，通过制定标准、实施标准和对标准的实施进行监督，从而实现最佳经济效益、社会效益和环境效益的技术活动。

标准化管理是以往经验的固化与积累。在实施标准化管理后，管理人员在做标准化的工作时能够获得更多的经验，从而能够更加有效、快捷地完成工作。同时，管理人员在工作过程中，能够不断发现标准化管理程序中值得改进的地方，不断完善标准化程序，进而提高项目管理水平。

（一）管理思路

项目管理标准化应满足以下四个原则：

（1）简化原则

合理的简化不是任意删除，而是要从系统原理出发，在一定范围内，精简标准化对象（事物或概念）的类型数目，去掉那些不符合要求的、简单重复、作用不大的因素，以合理的数目类型在既定的时间空间范围内满足一般需要，以大大提高生产效率。

简化原则的典型形式有以下几种：

1）产品和原材料品种规格的简化。例如，在工程建设中，材料管理是项目部非常关注的，因为这不仅仅涉及项目的成本，更加可能影响项目的施工质量，材料品种规格浩如烟海，逐一地制定其管理办法当然最理想，但这是个非常繁琐的工作，而且即使制定出来也很难落实。于是，人们想到了"ABC 分类法"，将所有的材料按其价格、使用数量、对工程质量的影响程度等标准划分为 A、B、C 三类。规定各自不同的管理办法，这就使材料管理制度得到了很大的简化，同时也使制度更加有效。

2）工艺和工装简化。工艺的简化就是对产品的工艺过程和加工方法进行必要的精简。包括文件及其格式和工艺要素等的简化。工装的简化就是对产品加工过程中的工具和装备的品种进行合理的必要的简化。比如，建筑工地使用的脚手架钢管，原来有 $\phi51 \times 3.0$ 和 $\phi48 \times 3.5$ 两种规格，2011 年新修订的《建筑施工扣件式钢管脚手架安全技术规范》JGJ 130 标准取消了 $\phi51 \times 3.0$ 规格的钢管，并将原标准中 $\phi48 \times 3.5$ 钢管改为 $\phi48.3 \times 3.6$。这项简化不但符合《焊接钢管尺寸及单位长度重量》GB/T 21835—2008 的规定，而且使得建筑工地的钢管脚手架从设计计算、材料验收到架体验收都得到了简化，也使得安全控制更加有效。

3）产品零部件的简化。对零部件的品种和数量进行简化，如某建筑工程机械厂生产的三种挖掘机，设计了 37 种滑轮，共有 20 种装配形式，装配工人要记住 20 种减为 2 种，就减少了 90%，大大提高了生产效率和效益。

4）结构要素的简化。产品零件的结构要素和简化不仅与产品零件自身的结构简化有关，同时也直接影响工艺方法和工艺设备的简化。特别是齿轮、花键等复杂的结构要素的品种规格，不仅直接影响刀具、量具的品种规格复杂化，而且对产品的生产周期，生产成本有较大影响。

（2）统一原则

统一原则是标准化的基本原则，在实践过程中，统一原则与简化原则是相互渗透的，有时简化是为以后的统一打基础，标准化的统一往往从简化开始。有时简化又是在统一的基础上展开，并形成系列化、通用化等。

统一就是把同类事物两种以上的表现形式归并为一种，或限定在一个范围内的标准化形式，统一的实质是使对象在形式、功能（效用）或其他技术特征方面具有一致性，并把这种一致性通过标准确定下来。

统一的目的是消除由于不必要的多样化而造成的困难、混乱，为正常活动建立共同遵守的秩序。

在具体的应用中，一般有以下几种：

1）概念、标志、符号的统一。项目施工过程中，施工单位都采用统一的标识，比如整个施工现场的布局，住宿环境、企业的标识、宣传口号的字体等，既有利于企业的品牌宣传，同时也美化了施工现场，使施工过程有序、规范、高效。

2）产品品种规格和特性的统一。施工标准的技术要求，不仅是保证产品的质量满足业主和市场需求，同时又减少不必要的多样性。例如，曾经风靡一时的错层设计，最终因为市场的认识的成熟和质量的不稳定，现在已经很难找到类似的房屋建筑。

3）产品零部件的统一。主要是零部件的通用化，例如宝冶的住宅产业化是打造一种模块化生产，通过流水线来制造标准模块，从而大大提高效率，降低了成本。

4）数值和参数的统一。规范的技术要求首先要规定各种数值与参数，为关联事物之间的协调奠定基础，如果没有统一的参数和数值，就会造成相互的交流缺乏共同的平台基础，增加沟通成本。

5）程序和方法的统一。在施工的过程中，我们一直都在提倡规范化，并为某些工种编制操作手册，这也是保证程序和方法的统一，一方面让操作工人快速成长，另一方面也确保有序的工作，确保质量满足要求。

（3）协调原则

协调原则是针对标准体系而言的。企业标准体系的各有关技术标准、管理标准以及工作标准子体系，各项标准间的相互关系必须协调一致：以标准为接口，协调企业的各层次、各部门、各专业、各个环节之间的技术关联，解决各相关方的连接和配合的科学性、合理性，使得标准在一定时期内保持相对平衡和稳定。

标准体系的整体功能要靠每个构成标准本身功能以及各相关标准的有机联系和相互作用来保证，使标准体系在相关因素的作用上建立一致性；使标准内部因素和外部约束条件相适应；为标准体系的稳定创造最佳条件，使体系发挥最理想功能。

协调主要在四个层面进行：

1）标准内各要素间的协调。比如，打印机打印图纸的协调：打印机的宽度一般为880mm 或914mm，而 A0 号图纸加长幅面宽度为1198mm，超过了打印机的宽度，这就造成设计图样和技术文件格式没有制作 A0 加长幅面的模板。此外，在设计图纸中，部件图与零件图的名称、检验等也要保持一致性，能更好地进行协调。

2）同一标准各部分内容间的协调。比如，行业标准《建筑施工扣件式钢管脚手架安全技术规范》JGJ 130—2011 表 8.1.8 构配件允许偏差规定，焊接钢管外表面锈蚀深度不大于 0.18mm；对钢管弯曲的要求是 1.5m 范围内的各种杆件钢管端部弯曲不大于 5mm，立杆钢管弯曲的要求是 3～4m 钢管允许偏差不大于 12mm、4～6.5m 钢管允许偏差不大于 20mm，不长于 6.5m 的水平杆、斜杆的钢管弯曲允许偏差不大于 30mm 等。但在同一规范的附表 D 构配件质量检查表中，对这些数据的检查方法却都规定为"目测"！不但与表 8.1.8 不一致，而且，"目测"显然很难判断 12、20、30mm 的误差，更无法判断 0.18mm 的误差。该标准就犯了一个各部分内容不相协调的失误。

3）相关标准之间的协调。例如，2011 年发布的另一项行业规范《建筑施工安全检查标准》JGJ 59—2011 中，对脚手架工程中的钢管材质不论新旧均仅有钢管直径、壁厚要求，钢管弯曲、变形、锈蚀程度要求两项，远未满足《建筑施工扣件式钢管脚手架安全技术规范》JGJ 130—2011 规范关于新钢管应检查应有产品质量合格证、应有质量检验报告、钢管表面不应有裂缝、结疤、分层、错位、硬弯、毛刺、压痕和深的划道等规定。显然，相关的这两项标准也存在不协调的问题。

4）标准体系之间的协调。建筑工程包含多种细分行业，有铁路工程、市政工程、桥梁隧道工程。不同的细分行业产生了各自的标准体系，包括名称、编号等在进入不同的施工细分行业中，首先要确定的就是标准之间的沟通和协调，明确统一的规范来指导整个施工过程。

（4）优化原则

依据企业确定的方针目标，在一定条件下，对企业标准体系构成要素及其相互关系进行优化选择，使企业标准体系的实施达到最佳效果；另外，企业标准化的过程应始终贯穿"最优化"的意识，方案可以集思广益，有多种，然后借助于标准化的优化原则和方法从多个可行方案中选择和确定一种最佳方案，达到最大的收益。

（二）管理内容

项目标准化管理的思想来源于企业标准化。企业标准体系的构成，以技术标准为主体，还包括管理标准和工作标准等方面的内容。

这几个方面的标准，归结起来就是两点：一是"过程"标准；二是"结果"标准。这两点都在项目管理标准中得到了体现，因为项目标准化管理的目的是为了能够使得项目管理的过程更加规范、科学、高效，使得项目的可交付成果最大限度地满足相关干系人的利益，即项目标准化管理既对过程也对结果有很高的要求。企业统一的标准体系再加上特定项目自身的管理标准，就形成了项目管理标准。

我们可以结合项目的特点，将项目管理标准大致分为三类，即项目组织管理体系标准，形象识别系统标准，施工现场管理标准。见图 4.1-1。制定相应的标准来实行标准化管理。

图 4.1-1　项目管理标准的内容分类

第 2 节   施工现场标准化管理

施工现场管理标准化是对施工现场安全管理、文明施工、质量管理、环保等要素进行整合熔炼、缜密规范，形成密切相关、交织科学的施工现场管理新体系。其目标是以实施施工现场管理标准化为突破口，整合管理资源，建立有效的预防与持续改进机制，全面改革现场管理方式和施工组织方式，从而提高企业综合项目管理水平。

一、文明施工标准化

为了进一步提高创建文明工地建设水平，贯彻绿色、环保、节能理念，全面推行施工质量安全标准，加强企业品牌建设，牢固树立企业形象，提高施工现场安全管理和文明施工的管理水平，预防事故的发生，实现安全工作的标准化、规范化、制度化，根据国家有关法律、法规和规定，结合建设工程实际，贯彻《建筑施工安全检查标准》和文明工地建设标准的要求。

文明施工是一个企业形象、管理水平和整体素质的综合反映，也是项目团队精神面貌的体现，更是施工企业综合项目管理实力的体现。根据施工现场实际情况，本着"合理布局，路沟通畅，生活卫生，整洁高效"的原则，按施工组织设计的要求绘制合理的现场布置图，各种机具材料、车辆必须按部就位，并实行常态化、动态管理。各部位各工种的操作工人要及时做好清理工作，做到工完料尽场地清。

（一）现场布置（图 4.2-1）

现场布置基本思路：确保安全、环保节能、美观大方。

施工现场必须实行封闭式管理。所有防护措施必须确保职工安全，满足施工要求的情况下尽量减少硬化，采用绿化等措施美化施工环境，减少扬尘，现场布置应尽量采用工具化、定型化设施，提高周转次数，降低施工能耗。

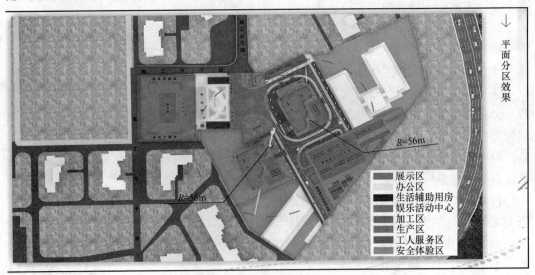

图 4.2-1   现场布置平面图

施工现场合理布局，施工区、办公区与生活区三区有明显划分隔离，布置应美观简洁，经济环保，功能完善，管理有序。施工区域应根据现场实际面积及安全消防要求，合理规划材料堆放区、加工区、吊装区，区域场地应硬化，四周设置排水沟。

材料堆放区布置要求：

（1）建筑材料的堆放应当根据用量大小、使用时间长短、供应与运输情况确定，用量大、使用时间长、供应运输方便的，应当分期分批进场，以减少堆场和仓库面积。

（2）施工现场各种工具、构件、材料的堆放必须按照总平面图规定的位置放置。

（3）各种材料位置应科学合理，便于运输和装卸，应减少二次搬运。

（4）地势较高、坚实、平坦、回填土应分层夯实，要有排水措施，符合安全、防火的要求。

（5）各种材料物品须堆放整齐，应按品种、规格堆放，并设明显标牌，标明名称、规格和产地等。

（6）现场存放材料应有防雨浸泡、防锈蚀和防尘措施。

（二）施工临设

1. 施工大门

设置要求：

（1）施工现场及办公区大门是企业形象的具体体现，须严格按各公司企业形象标准进行布置。

（2）一般大门采用油漆涂料或3M车身贴制作。

（3）大门及门柱尺寸应根据实际情况确定。

（4）大门字体、颜色参见各企业品牌视觉识别指导手册。

2. 门禁系统

设置要求：

（1）门卫室位于大门内右侧，采用彩钢板式或集装箱式。彩钢板门卫房建议尺寸3m×3m×2.5m。

（2）门上须悬挂或粘贴门牌，室内悬挂责任制度图牌，与办公室形式统一。

（3）门卫室处应设置门禁系统，施工人员持证刷卡方能进入施工现场。

（4）施工现场应设置视频监控系统，视频监控对整个工地覆盖无死角。

3. 门卫制度

设置要求：

（1）门卫值班人员认真执行项目部制定的《门卫管理制度》，并做好外来人员、车辆进出入登记记录。门卫管理制度、门卫责任人牌悬挂于门卫室外醒目位置。

（2）门卫管理制度牌、门卫责任人牌可以采用镀锌铁板或铝塑板制作。

4. 安全警示镜

设置要求：施工现场主要通道口必须设置安全警示镜，一般设置在大门入口处，上岗前，进入工地的施工人员须对照安全镜自查安全防护用品的佩戴情况。设置尺寸一般为高1.6m×宽2.4m，可根据施工现场实际情况稍作调整，如图4.2-2所示。

5. 工地围墙（一）

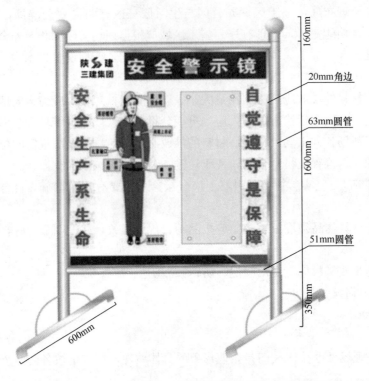

图 4.2-2　安全警示镜

设置要求：现场必须沿工地四周连续设置围挡，围挡材料要求坚固、稳定、统一、整洁、美观、采用硬质材料，如砌体或可周转彩钢板等。现场围墙制作应先考虑永临结合设计。

（1）工地砌体式围墙样式以白色、灰色为主基调。墙面内容以各企业品牌标识为独立画面，间隔出现形象宣传画、获奖工程照片或文明标语、环境保护标识等。

（2）围墙制作工艺：墙头采用仿古瓦造型，企业标识制作采用油漆涂料或丝网印刷，灰色踢脚线采用涂料粉刷。

（3）工地围墙尺寸宽×高＝2800mm×2500mm，企业标识尺寸宽×高＝1000mm×620mm；企业形象宣传画尺寸宽×高＝2000mm×1200mm。

6. 工地围墙（二）

设置要求：

（1）工地可周转式围墙样式以白色、标志蓝色为主基调。墙面内容以各企业品牌标识为独立画面，间隔出现形象宣传画、获奖工程照片或文明标语等。

（2）围墙制作工艺：围挡挡板采用由双层中空高强度 PVC 板组成的厚度不小于22mm 的栅板；立柱内衬尺寸为 100mm×100mm×2mm 的钢管，外设尺寸为 121mm×121mm 的 X-125PVC 型材；横杆内衬尺寸为 40mm×40mm×1.5mm 钢材。围挡下部设高 50cm 的基脚，外侧水泥砂浆抹灰，刷红白相间警示漆，条纹宽度 1m。

（3）工地围墙尺寸宽×高＝2500mm×2500mm，企业标识尺寸宽×高＝1000mm×620mm；企业形象宣传画尺寸宽×高＝2000mm×1200mm。

（4）围墙字体颜色参见各企业品牌视觉识别指导手册。

（5）施工现场必须实行封闭式管理，沿工地四周延续设置围挡，市区主要路段围墙高度≥2.5m，一般路段围墙高度≥1.8m。

（6）围墙按设置位置可分为外围墙和内围墙，按所采用的材料不同可分为砌体式、金属式两种，禁止使用彩条布、竹笆、安全网等易变形材料，做到坚固、平稳、整洁、美观，并应该连续设置。

（7）构造柱背面突出，保证正面平整，便于广告布挂设。

（8）围挡面粘贴获奖工程照片、文明标语、"四节一环保"宣传画等。

7. 冲洗设备

设置要求：

（1）施工现场应在大门附近适当位置设置洗车槽（冲洗池）和沉淀池，并配置高压水枪，对进出车辆进行冲洗。

（2）冲洗设施分为简易式冲洗机和自循环洗轮机，其主要组成有水箱、空气压缩机和高压水枪等。

（3）现场配置专（兼）职保洁员，负责对出入车辆进行冲洗，确保出入车辆不污染市政路面。

（4）冲洗设施旁设置三级沉淀池，水资源循环利用。

8. 污水处理系统

设置要求：

施工现场污水排水应达到国家标准《污水综合排放标准》GB 8978—1996 的要求，在施工现场应针对不同的污水，设置相应的处理设施，如沉淀池、隔油池等。

（1）本沉淀池为三级沉淀池，排水沟深度根据现场实际计算确定宽度和深度，一般不小于 300mm×300mm。

（2）沉淀池底板为 C15 混凝土垫层，厚度为 100mm。

（3）墙可为 120mm 砖墙，抹 1：3 水泥砂浆加 5% 堵漏灵，抹面厚 20mm。

（4）沉淀池可为预制混凝土盖板或钢筋篦子。

9. 施工道路

现场主要道路采用混凝土硬化，其他路面可采用固化或绿化。

施工主干道等应将场地原状土整平、夯实后，采用 300mm 厚 2：8 灰土回填，根据现场道路使用功能合理选择面层做法。

场内交通道路转弯半径≤15m，双车道宽度≤6m，单车道宽度≤3.5m。对于场内道路兼作消防车道的，转弯半径≥12m，道路净宽度应≥4m。

道路面层可选择以下几种做法：

（1）水泥混凝土面层，厚度参照《道路做法图集》93SJ007。

（2）钢板面层。

（3）钢筋混凝土预制板面层。

（4）砂石或焦渣面层。

10. 排水系统

设置要求：

（1）根据现场实际，充分考虑基坑、道路、办公生活区、加工区、材料堆放区等情况设计排水系统，雨污分流，有组织排水。

（2）排水设施为明排、暗排两种形式：建筑物四周、施工道路及材料堆放区设置排水沟；厕所及现场生活用水预埋排水管道。现场污水应经过沉淀后方能排入市政污水管网。

（3）现场的沉淀池及排水沟槽必须落实专门人员定期进行清理，防止阻塞。雨期施工期间，必须及时做好现场排水系统的检查和清理，防止管线阻塞。

（4）排水沟截面尺寸为宽×深＝300mm×300mm，排水沟坡度为 5‰。

（5）排水沟盖板做法：预制盖板、钢筋箅子、成品式排水沟。

11. 材料堆放（一）

设置要求：

（1）适用于：钢筋原材材料堆放。

（2）立柱采用 40mm×40mm 方钢，在上下两端 250mm 处各焊接 50mm×50mm×6mm 的钢板。

（3）立柱和底座表面刷黑黄相间油漆警示。

（4）立柱底部采用 120mm×120mm×10mm 钢板底座，并用四个 M10 膨胀螺栓与地面固定。

12. 材料堆放（二）

设置要求：

（1）适用于：钢筋加工成品、半成品材料堆放。

（2）底座采用 120mm×120mm×10mm 钢板底座，并用四个 M10 膨胀螺栓与地面固定。

（3）底座表面刷黄色油漆警示。

13. 材料堆放（三）

设置要求：

（1）适用于：松散材料堆放。松散材料：土方、石子、陶粒、百灰、水泥、石渣等。

（2）现场根据实际情况建立封闭式松散材料库，库房内须有管理制度，防火防潮措施。

（3）根据实际进度确定松散材料进场时间，不得进场过早。施工现场松散材料堆放处及时清理，以减少扬尘。

（4）水泥存放库房须干燥，地面垫板要离地 30cm，四周离墙 30cm，堆放高度≤10袋，按照到货先后依次堆放，尽量做到先到先用，防止存放过久。

14. 材料堆放（四）

设置要求：

（1）适用于：安装材料堆放。

（2）安装架采用 40mm×40mm 方钢。

（3）安装架表面刷标准蓝油漆。

15. 材料标识牌

设置要求：

（1）材料标识牌用于标识材料堆场内各类材料。

（2）标识牌采用镀锌铁板或铝塑板制作，标准蓝底白字。

（3）标识牌宽×高＝450mm×300mm。

（4）原材料进场并在指定位置堆码后，在材料堆放区域前方设置材料标识牌；原材料经车间加工制成半成品后，在半成品堆放区域前设置半成品加工标识牌。

16. 工完场清

设置要求：

（1）项目部须编制《施工现场工完场清管理制度》，现场有专人监督，落实到人，严格执行。

（2）项目部与具有清运资质的单位签订清运协议，建筑垃圾及时清理运输。

（3）施工作业区内材料和工具堆放整齐，废料当天及时清理。

（4）周转材料按进度及周转方案要求应立即拆除、及时清运，不能立即清运的必须堆放整齐。

（5）各楼层清理的垃圾不得长期堆放在楼层内，应采用器具或管道运输及时运走，严禁随意抛掷，建筑垃圾应分类集中堆放。

（6）墙面、防护网、防护架体上的污染物及时清理干净。

17. 楼面堆料

施工楼层内物料堆放整齐，且均布荷载、集中荷载应在设计允许范围内。

设置要求：

（1）周转材料：施工楼层内周转材料分类堆放、井然有序，堆放限高≤1.2m，保持施工楼层通道畅通。

（2）砖砌材料：施工楼层内砖砌堆放靠近承重墙、柱，堆放限高≤1.5m。

（3）砂灰不可随意倾倒，落地灰及时回收利用。

（4）施工器具堆放有序。

18. 六牌一图

设置要求：

（1）设置在主出入口等施工现场醒目位置。

（2）六牌一图内容可根据实际情况确定，但不少于六牌一图：企业简介、施工标牌、施工项目岗位责任人标牌、施工现场管理规定标牌、施工现场纪律标牌、施工现场防火规定标牌、施工十项安全技术措施标牌、施工现场平面布置图。

（3）六牌一图的尺寸可根据现场实际情况确定。具体实施可参见《陕建下属单位 VIS 视觉识别系统》B31～B33 的实施效果。

（4）图牌尺寸宽×高＝900mm×1200mm（或根据实际情况等比例缩放）。

（5）制作工艺写真喷绘，标准蓝底白字。

19. 安全警告、禁止、提示标牌

设置要求：

（1）用于施工道路两侧或施工相应场所。

（2）安全警告牌为标准蓝底白字，采用 PVC 板或铝塑板制作，面层采用户外车贴。

（3）标牌尺寸：如图标示。

（4）内容不作限制。

20. 重大危险源公示牌

设置要求：

（1）本公示牌中所涉及的危险源主要指《危险性较大的分部分项工程安全管理办法》（住房和城乡建设部建质〔2009〕87号）中所规定的一些危险源，还包括项目部已辨识的其他危险源。

（2）公示周期可以是日、周、旬、月，但最长不得超过月。

（3）危险源公示牌可设置在办公区、生活区、施工现场大门口旁，现场醒目位置。

（4）可采用镀锌钢板、PVC板或铝塑板制作，不锈钢包边，面层采用户外车贴或采用宝丽布喷绘，内衬边长为10mm方钢框。

（5）公示的内容包括：危险源的名称、部位、控制措施、责任人、监督人等需要公示的其他内容。

21. 职业危害公示栏

设置要求：

（1）职业危害公示栏的基本形式是标准蓝长方形衬底。

（2）公示栏可采用镀锌钢板、PVC板或铝塑板制作，不锈钢包边，面层采用户外车贴或采用宝丽布喷绘，内衬边长为10mm方钢框。

（3）内容根据现场情况自定。

22. 安全警告标志

设置要求：

（1）警告标志牌的基本形式是白色长方形衬底，涂写黄色正三角形及黑色标识符警告标志，下方为黑框白底，黑体黑字。

（2）标志牌宽×高=400mm×500mm。

（3）禁止内容根据图标自定。

23. 安全禁止标志

设置要求：

（1）禁止标志牌的基本形式是白色长方形衬底，涂写红色圆形带斜杠的禁止标志，下方文字辅助标志衬底色为黑色，字体为黑体字，白色字。

（2）标志牌宽×高=400mm×500mm。

（3）禁止内容根据图标自定。

24. 安全指令标志

设置要求：

（1）指令标志牌为白色长方形衬底，上面涂写蓝色图形标志，标识符为白色，下方文字辅助标志衬底色为蓝色，字体为黑字体，白色字。

（2）标志牌宽×高=400mm×500mm。

（3）指令内容根据图标自定。

25. 安全提示标志

设置要求：

（1）提示标志牌的基本形式是绿色正方形，标识符为白色，下面为黑体字。

（2）标志牌宽×高＝250mm×250mm。

（3）指令内容根据图标自定。

26. 消防提示牌

设置要求：

（1）消防栓位置提示牌悬挂于施工现场消防栓附近，用于指示消防栓位置。

（2）不干胶制作。

（3）消防栓指示牌为矩形，宽×高＝400mm×250mm。

（4）标识牌为红底白字，字体为大黑。

27. 责任人公示牌

设置要求：

（1）施工现场危险性较大的设施、施工机具和各责任区域须张挂责任公示牌，明确责任人及责任内容。

（2）须张挂责任公示牌的位置包含如下四类：

1）办公区、生活区、总配电室及二级分配电室。

2）塔式起重机、施工电梯等大型施工设备。

3）钢筋加工场、木工加工场、机电安装加工区、地泵棚、搅拌机棚等加工场区。

4）油漆库房、氧乙炔存放区等各类易燃易爆物品存放位置及现场材料堆放区、垃圾池。

（3）责任公示牌需标明名称、责任人、联系电话、责任内容。

（4）图为蓝底白字，采用 PVC 板或铝塑板制作，面层采用户外车贴。

（5）标牌尺寸：1.2m×0.8m。

28. 操作规程牌

设置要求：

（1）悬挂于加工机械旁。

（2）操作规程牌为白底黑字，字体为标题黑体，内文宋体，采用喷绘、表板、灰色圆角边框制作。

（3）标牌尺寸：高×宽＝600mm×450mm。

（4）根据实际情况和需要，布置不同工作内容的操作规程。

29. 文明标语

设置要求：

（1）在施工现场外架上，悬挂喷绘标语；标语内容、图案、尺寸按实际要求制作；不同尺寸、工艺应有所区分。

（2）外架喷绘标语分为横排样式和竖排样式两种。

30. 文明标牌

设置要求：

(1) 用于在施工现场相应区域。

(2) 文明标语牌为标准蓝底白字，采用PVC板或铝塑板制作，面层采用户外车贴。

(3) 内容不做限制。

31. 管理人员工作牌

现场管理人员挂牌上岗可提高工程项目规范化管理水平，切实增强施工现场管理人员岗位责任意识。

设置要求：

(1) 胸牌材质：250g铜版纸。

(2) 胸牌尺寸：90mm×55mm。

(3) 制作工艺：透明PVC外套印刷或打印内文。

32. 警示色标

施工现场"四口、五临边"，外架剪刀撑、踢脚板应涂刷红白相间油漆警示。

33. 钢筋加工棚

设置要求：

(1) 定型化钢筋加工棚，具体尺寸根据现场实际情况确定。当对环境保护有特殊要求的项目，可采用降噪屏搭设半封闭式钢筋加工棚。

(2) 搭设在塔吊回转半径和建筑物周边的工具式钢筋加工棚必须设置双层硬质防护。

(3) 加工车间地面需硬化，宜选用混凝土地面。

(4) 立柱与地面连接方式：在混凝土基础上预埋螺栓固定。

(5) 加工车间顶部应张挂安全警示标识和安全宣传用语的横幅，横幅宽度宜为0.8m。

(6) 工具式钢筋加工棚需在醒目处挂操作规程图牌，图牌的尺寸为：宽×高＝600mm×450mm，图牌朝内。

(7) 各种型材及构配件规格为参考值，具体规格应根据当地风荷载、雪荷载进行核算。

34. 木工加工棚

设置要求：

(1) 工具式木工加工棚搭设尺寸宜选6m×8m单组加工棚拼装加长，如木工加工棚（一），具体尺寸根据现场实际情况确定。当对环境保护有特殊要求的项目，可采用板房搭设封闭式木工房，如木工加工棚（二），尺寸宜为4.5m×4.5m。且有降尘降噪措施。

(2) 搭设在塔式起重机回转半径和建筑物周边的工具式木工加工棚必须设置双层硬质防护。

(3) 加工车间地面需硬化，宜选用混凝土地面。

(4) 立柱与地面连接方式与工具式钢筋加工棚相同。

(5) 加工车间顶部应张挂安全警示标识和安全宣传用语的横幅，横幅宽度宜为0.8m。

(6) 工具式木工加工棚需在醒目处挂操作规程图牌，图牌的尺寸为：宽×高＝600mm×450mm，图牌朝内。

(7) 各种型材及构配件规格为参考值，具体规格应根据当地风荷载、雪荷载进行核算。

35. 安全通道、施工电梯防护棚

设置要求：

（1）工具式安全通道、施工电梯防护棚搭设尺寸宜为 6m×4.5m，具体尺寸根据现场实际情况确定。

（2）搭设在塔式起重机回转半径和建筑物周边的工具式安全通道必须设置双层硬质防护。

（3）通道、防护棚地面需硬化，宜选用混凝土地面。

（4）立柱与地面连接方式与工具式钢筋加工棚相同。

（5）通道、防护棚顶部应张挂安全警示标识和安全宣传用语的横幅，横幅宽度宜为 0.8m。

（6）工具式安全通道、施工电梯防护棚两侧需用悬挂 900mm 高的宣传横幅，施工电梯防护棚需在醒目处挂操作规程图牌，图牌的尺寸为：宽×高＝600mm×450mm，图牌朝内。

（7）各种型材及构配件规格同木工加工棚，具体规格、材质应根据当地风荷载、雪荷载计算确定。

36. 机械防护棚

设置要求：

（1）机械设备围栏主框架采用 40mm 方钢焊制，高度 2.4m，长宽 1.5～2m。

（2）在防护棚正面可悬挂操作规程牌、警示牌及电工人员姓名和电话，帽头设置陕建企业标识。

（3）防护棚内放置消防器材。

37. 电箱防护围栏

设置要求：

（1）电箱防护围栏主框架采用 40 方钢焊制，方钢间距按 15cm 设置，高度 2.4m，长宽 1.5～2m，正面设置栅栏门。

（2）在防护棚正面可悬挂操作规程牌、警示牌及电工人员姓名和电话，帽头设置陕建企业标识。

（3）防护棚内放置干粉灭火器。

（4）电箱防护围栏涂刷红白相间油漆警示。

（三）办公设施

施工现场办公区一般设置在进入现场大门显著区域。设置基础要求：功能完善、现代简洁、管理有序。办公桌、会议桌力求简洁，避免使用大型会议桌类型。办公区严禁住人，保证办公区良好观感，区域内尽量减少硬化面积，增加绿化美化环境。

1. 办公楼

设置要求：

（1）办公区、生活区和施工作业区应分区设置，且应采取相应的隔离措施，并应设置导向、警示、定位、宣传等标识。

（2）办公区、生活区宜位于建筑物的坠落半径和塔式起重机等机械作业半径之外。

（3）尽可能利用施工现场附近的原有建筑物作为临时设施，临时建筑与架空明设的用电线路之间因保持安全距离。临时建筑不应布置在高压走廊范围内。

（4）食堂与厕所、垃圾站等污染源的距离不宜小于15m，且不应设在污染源的下风侧。

（5）办公区应设置办公用房、停车场、宣传栏、密闭式垃圾收集容器等设施。

（6）会议室、活动室、监控室均应设在一层，且每个空间用玻璃隔断。办公用房的人均使用面积不宜小于4m²，会议室使用面积不宜小于30m²，宿舍人均使用面积不宜小于2.5m²。

（7）临时用房的建筑构件燃烧性能等级应为A级。当采用金属夹芯板材时，其芯材的燃烧性能等级应为A级。每层建筑面积大于200m²时，应设置至少2部疏散楼梯，房间疏散门至疏散楼梯的最大距离不应大于20m。临时用房层数不超过2层。

（8）宿舍、办公用房不应与食堂操作间、锅炉房、变配电房等组合建造。

（9）办公用房、宿舍的灭火器最低配置标准属于固体物质火灾类型，且单具灭火器最小灭火级别是1A（即1具6升灭火器），单位灭火级别最大保护面积100m²/A，灭火器最大保护距离25m。办公、生活用房布置应符合节能、环保、安全和消防要求。

（10）办公、生活临时活动板建筑构造，宜采用箱式活动房。板房室内外高差为200mm。

（11）分类（按层数分为单层和二层；按安装方式分吊装式活动房、拼装式活动房、装配式活动房）。

（12）活动房外观颜色、宣传标语按品牌视觉识别指导手册标准执行。

（13）生活区、办公区通道、楼梯处设置应急疏散、逃生指示标识和应急照明灯。

（14）如办公区和管理人员生活区合并设置，需要设置如下临时建筑：会议室、办公室、管理人员宿舍、厨房、餐厅、盥洗室、厕所、监理与甲方办公室、停车场、标养室、仪器料具仓库，可以参考设置如下临时建筑：急救室、吸烟室、饮水室、阅览室、接待室等公共设施。

（15）办公楼和管理人员宿舍统一建造成2层楼房，厨房、盥洗室、厕所卫生房间采用单层板房。场地成矩形（需要宽度大于18m，长度大于18m），则布局为"四合院"式；场地程狭长形，且宽度大于12m且小于18m，则布局为一字形；场地程三角形，则沿场地边布局成L形。

2. 临时用房选址

设置要求：临时用房规模主要根据工程项目规模、工期、项目管理人员配备数量、施工现场高峰期工人数量、现场场地情况进行确定，规模大小应满足经济适用的原则。下面提供临时设施参考控制指标主要包括生活区、办公区、生产作业区部分临时设施规模，在项目实施过程中原则上不得超过参考指标的上限。

3. 项目部综合办公室内应布置办公桌椅、资料柜、打印/复印多功能一体机、电脑且能上网，墙上悬挂岗位职责标牌，并适当摆放盆景；管理人员办公室内冬夏均应安装空调，并设置适当数量的饮水机和电热水壶。

4. 项目经理办公室内布置办公桌椅、茶几、沙发、资料柜、打印机、电脑且能上网，墙上悬挂项目经理岗位职责标牌，并适当摆放盆景；财务室等重要办公室可设置防盗系统。

5. 项目部会议室布置以品牌视觉识别指导手册项目部会议室要求为基础，可增加手机请静音、请节约用电等温馨提示桌牌、桌签、柜子、投影机（安装在顶棚上）、电动升降投影布、音响、话筒、插线板地插、网线地插、会议桌及会议室内四周花盆等绿化布置；会议室地面、顶棚等处的相关线缆提前布设、暗埋。

6. 监控室（1 万 m^2 以上工程）。

设置要求：

（1）监控室宜在紧邻一层会议室旁设置，要求监控设备不少于 4 个监控探头，至少在进出大门口、施工现场的塔式起重机大臂上、材料加工及堆放场地、办公区、生活区的主要通道口处设置，具体监控探头数量满足实际需要，优先使用无线监控设备。

（2）监控室内设置播音设施，在办公、生活区室外建立广播系统；监控显示形式多屏幕显示；墙上悬挂监控管理制度，并做好日常监控记录。

7. 旗杆和旗台的布置以品牌视觉识别指导手册项目部会议室要求为基础，旗杆采用不锈钢管焊接；旗台做法：采用可周转定型化的方钢或角钢焊接、螺栓连接而成，外基面干挂暗红色仿石材。

8. 图纸架布置在总工办、综合办公室、预算室室内，便于施工管理人员查阅图纸，可采用方钢或角钢接、螺栓连接，每层配有木板。

9. 仪器架布置在综合办公室、主管测量工长办公室，可采用方钢或角钢接、螺栓连接，中间配有木板格挡。

10. 海绵项目部，汲取"海绵城市"的创新理念，办公、生活、生产区通过钢板暗沟、地下车库顶边明沟、植被草沟、下凹绿地、透水地坪、土体内暗埋收水花管、土工布等途径收集雨水，再流经级配砂石滞留过滤层，最后汇集于主楼南侧办公区非传统蓄水池，用以 0.5m 以下降尘喷淋系统洒水降尘、浇灌植被等重复循环利用。

11. 食堂

设置要求：

（1）食堂分为储存间、操作间和餐厅，食堂选址应在干燥、远离厕所、垃圾站、有毒有害场所等污染源，且便于防水的地方，有良好的通风和洁卫措施，保持卫生整洁。

（2）餐厅与厨房面积之比不少于 3：2。储存间必须设置货架，食物应离地分类存放。餐厅应设置电风扇、消毒、灭蚊蝇等设施。排风口处可安装油烟净化装置。使用醇基液体燃料时，要在购买、运输、燃料箱、灶具、使用场所管理等方面遵循《醇基液体燃料使用安全技术规程》的安全技术规定。

（3）食堂工作人员必须着"三白"上班，并持有效健康证，健康证原件必须张贴于售饭口墙上。食堂除餐厅外非炊事人员不得随意入内，确保食堂安全。

（4）食堂排水应通畅，设置排水沟，地面排水坡度 3%。

（5）隔油池设置在厨房等油污污水下水口处，并定期清理。可采用成品隔油池，材质有不锈钢、塑料等，每周清理不少于 2 次，并有记录。

（6）食堂应张挂相关管理制度牌以及食品安全或饮食健康小常识等知识图牌。

12. 宿舍

设置要求：

（1）宿舍平面超过 8 间时，二层必须设置两边楼梯，楼梯口必须设置一组灭火器，活动房防火间距不应小于 3.5m。

（2）严禁使用通铺。设置统一床铺（长 2.0m×宽 0.9m），基本具备脸盆架、鞋架、安全帽架、桌椅、个人物品存放柜、密闭式垃圾桶等设施，保持室内整洁，生活用品整齐堆放，禁止摆放作业工具。禁止在建工程兼作住宿。

（3）宿舍内应采取安装空调等措施，保证冬季取暖夏季有降温措施。

（4）每个宿舍门口须挂设宿舍人员名单牌、人员信息卡，并根据实际情况更新。

（5）宿舍面积以标准活动房尺寸为例，1K＝1.82m（K 为模数），开间×进深为2K×3K，即 3.79m×5.61m＝21.26m²，室内净高不少于 2.5m，通道宽度不小于 0.9m，床铺不超过二层，按标准活动房为例每间标配人数 8 人，其他类型宿舍每间人数最多不超过 16 人。

（6）使用节能灯具，用电要分项走线，空调专线与照明用电分开，全部采用一室一限位制度，安装荷载限位器。

（7）宿舍内有治安、防火、卫生管理制度和措施，并在醒目处公示宿舍卫生值日、住宿人员名单。电线架设安全整齐统一，宿舍内不得存放煤气瓶等危险品。

13. 厕所

设置要求：

（1）厕所必须通风良好且冲洗方便，高度不得低于 2.5m，上部应设天窗，厕所蹲坑数量按现场施工人数确定。

（2）厕所蹲坑位宜高出地面 100～120mm 设置，并设置隔板，地面应贴防滑地砖，确保地面不积水。

（3）厕所由专人负责保洁工作，尽可能减少异味，并张贴管理制度及保洁图牌，配备有灭蝇设施。

（4）卫生间如在餐厅的上风区，间距至少 12m。厕所应为水冲式或移动式，内部贴瓷砖，设有洗手盆、梳理镜、有纱窗、门帘、灭蝇灯，内有照明（节能灯具），蹲坑设隔离，使用节水器材、卫生管理制度上墙、配备保洁人员负责清扫。

（5）八层以上建筑每隔四层设简易厕所，有两种，一种利用原有在建工程卫生间位置，进行彩钢板或竹胶板围挡，内设小便斗，外部张贴制度及卫生责任人；另一种楼层不高时，采用成品可移动式厕所。

14. 浴室

设置要求：

（1）生活区应设置固定的男、女淋浴室，地面铺设防滑砖，高度不低于 1.8m。浴室分淋浴区和更衣区两部分，淋浴区设置排水沟或地漏，确保无积水。更衣区内设有更衣柜、挂衣架、椅子、镜子等，浴室顶部安装太阳能热水供应系统。

（2）浴室内必须设置冷热水管和淋浴喷头，原则上每 20 人设一个喷头，喷头间距不小于 0.9m，并采用节水龙头、花洒、防溅开关、防水防爆灯具等设备，避免水资源浪费。

（3）浴室应有良好的通风设施，配备专门的卫生保洁员，随时保持清洁，无异味，并挂设相应管理制度及保洁图牌。

15. 医务室

设置要求：医务室内部悬挂制度、急救人员证书上墙，配备常用药及绷带、止血带、担架、保健急救箱等急救器材，有经过培训合格的急救人员，文字说明要有日常药品发放记录、卫生、急救预案并有演练要求。

（四）生活设施

所有在建项目有条件的必须设置职工生活区，集中管理，生活区设置基本要求：以人为本、统筹管理、设置完善、温馨如家。此外生活区设置应考虑消防安全、尽量较少硬化，增加绿化面积，营造良好的生活环境。

办公、生活区采取定期投放和喷洒药物等除"四害"措施，要采取安装灭蚊灭蝇灯、使用纱门纱窗等灭蚊蝇防蚊蝇措施；灭鼠灭蟑螂采用定点投放灭鼠灭蟑螂毒饵等措施。

1. 垃圾收集箱，垃圾定点分类堆放、及时清运。

2. 项目部盥洗间或池，盥洗槽应设置定型化、工具化防雨棚，便于拆装。应采用节水器材，节水器具配置率应达到100%。施工用水与生活用水应分表计量。

3. 探亲房和客房，配备电视机、空调、热水壶，并有专人负责管理，保证房间内被单等清洁、干净。

4. 晾晒区，设置洗衣间（含洗衣机等设施）、晾鞋架、拖把架及其集水槽。

5. 花坛、爱心菜园。

6. 书吧、商店、信息服务中心等配套服务设施。

二、安全管理标准化

安全管理标准化，是指通过建立安全管理责任制，制定安全管理制度和操作规程，排查治理隐患和监控重大危险源，建立预防机制，规范生产行为，使各生产环节符合有关安全管理法律法规和标准规范的要求，人、机、物、环处于良好的生产状态，并持续改进，不断加强企业安全管理规范化建设。

安全管理标准化体现了"安全第一、预防为主、综合治理"的方针和"以人为本"的科学发展观，强调企业安全管理工作的规范化、科学化、系统化和法制化，强化风险管理和过程控制，注重绩效管理和持续改进，符合安全管理的基本规律，代表了现代安全管理的发展方向，是先进安全管理思想与我国传统安全管理方法、企业具体实际的有机结合，有效提高企业安全管理水平。

（一）安全防护

1. 临边防护

防护栏杆由上、下两道横杆及栏杆组成，上杆离地高度为1200mm，下杆离地高度为600mm，栏杆长度大于2000mm时，必须加设栏杆立柱，临边洞口防护栏杆必须刷红白相间油漆，间距为300mm，下方应设置踢脚板，踢脚板采用不小于15mm厚板材，高度不低于 180mm，并刷黄黑相间油漆间距 240～350mm。

（1）型钢可拼装工具式防护栏杆

防护栏杆采用 30mm×30mm×3mm 或 25mm×25mm×3mm 方管加工，制作为 600mm×600mm、600mm×900mm、600mm×1200mm 三种规格，所有防护栏杆均为三种规格组合而成，采用 $\phi 8$ 螺栓连接，根据洞口尺寸采用三种规格随意搭配形成可调式防护栏杆，当洞口宽度大于 2000mm 时应设置立杆柱。

（2）扣件支座固定防护栏杆

2. 楼层临边防护。

3. 建筑物四周设置张网防护。

4. 较大的水平洞口防护、小洞口防护。

5. 楼梯梯段临边防护。

6. 电梯井口防护。

定型化钢制平台加工：按照电梯井洞口内侧尺寸每边缩小 100mm 即为定型化平台加工尺寸。

定型化平台安装：

（1）在剪力墙混凝土浇筑前预留穿钢管的孔洞；模板拆除后将 $\phi 48 \times 3.5$ 钢管横穿在洞口两侧，两端用十字扣件靠墙锁紧，确保钢管不滑脱。

（2）将定型化平台吊运至钢管架上；下层施工完成后将平台吊至上一层，钢管架不拆除，在其上铺设脚手板作防护。

（3）电梯井定型化平台实施情况。

7. 电梯井竖向防护

采用定型化、工具式的防护门。防护门高度设置为 1500mm 可透视栅门，采用材料 30mm×30mm×3mm 方管；门栅网格间距不大于 100mm，并用钢板网封闭，用 $\phi 16$ 膨胀螺栓固定上端。

（1）室内电梯井口竖向防护。

（2）电梯井道内水平防护。

采用在标准层隔层设置一道水平硬防护，防护必须严密安全可靠；也可以采用软防护不大于 10m 且不超过 2 层设置一道水平张网，网与井壁间隙不应大于 100mm。

8. 多用途防护设施

（1）多用途防护栏杆（水平安装可作隔离围挡）。

（2）多用途防护栏杆（垂直安装可作电梯口防护）。

（二）外脚手架

1. 脚手架搭设一般要求

脚手架外侧必须满挂密目式安全网，临街处除张挂密目网外还有张挂小孔安全网。作业层脚手架内侧与建筑物之间应设隔离防护措施。小横杆伸出架体外长度控制在 100～200mm，在外架重心部位及作业面布置灭火器。作业人员上下应有专用通道和爬架，不得攀爬架体。

2. 型钢悬挑式脚手架

（1）悬挑支承结构必须专门设计计算，应保证有足够的强度、刚度和稳定性，每次悬挑搭设高度不得超过 20m 和 6 层（陕西省规定为 15m 和 4 层）。

（2）每道悬挑梁端部必须设置卸载钢丝绳，钢丝绳型号应不小于 14 号钢丝绳。

（3）悬挑架架体的连墙件应为刚性连墙件，数量按照每层（不大于 4m），水平方向不大于 7m，拐角 1m 以内，增设一道连墙件。

（4）悬挑梁与架体底部立杆应连接牢靠，不得滑动或窜动，架体底部应设双向扫地杆，扫地杆距悬挑梁顶面 150～200mm。

（5）脚手架外侧立面整个长度和高度上连续设置剪刀撑。

（6）型钢梁应采用 16 号以上规格的工字钢，建筑物内型钢锚固长度是外悬挑 1.25 倍；悬挑钢梁悬挑长度一般情况下不超过 2m 能满足施工需要，但在工程结构局部有可能满足不了使用要求，局部悬挑长度不宜超过 3m。大悬挑另行专门设计及论证。

（7）建筑物以外悬挑梁、挡脚板、剪刀撑刷黄黑相间油漆外，其余杆件均刷黄色油漆。

3. 附着式升降脚手架

（1）附着式升降脚手架工程必须由取得附着式升降脚手架专业承包资质的单位进行专业分包。严禁自购或租赁。

（2）进入现场的附着升降脚手架产品，必须具备经国务院建设行政主管部门组织的鉴定（评估）或验收合格证书。专业承包单位应在当地建设行政主管部门进行告知登记。产品在使用前应通过专家论证。推荐使用集成式升降脚手架。

（3）附着式升降脚手架底部必须进行封底。

（4）严禁在同一个单体工程上采用不同型号和不同厂家的产品。

（5）附着支承结构应包括附墙支座、悬臂（吊）梁及斜拉杆，其构造应符合下列规定：

1）每个竖向主框架所覆盖的每一楼层处应设置一道附墙支座。

2）使用工况，应将竖向主框架固定于附墙支座上。

3）升降工况，附墙支座上应设有防倾、导向的结构装置。

4）附墙支座应采用锚固螺栓与建筑物连接，受拉螺栓的螺母不得少于两个，螺杆露出螺母应不少于 3 扣和 10mm，垫板尺寸应由设计确定，且不得小于 100mm×100mm×10mm。

5）附墙支座支承在建筑物上连接处混凝土的强度应按设计要求确定，但不得小于 C10。

6）附着式升降脚手架必须具有防倾覆、防坠落和同步升降控制的安全装置方准使用。

（6）防倾覆装置应符合下列规定：

1）防倾覆装置中必须包括导轨和两个以上与导轨连接的可滑动的导向件。

2）防倾覆导轨的长度不应小于竖向主框架，且必须与竖向主框架可靠连接。

3）在升降和使用两种工况下，最上和最下两个导向件之间的最小间距不得小于 2.8m 或架体高度的 1/4。

4）应具有防止竖向主框架前、后、左、右倾斜的功能。

5）应用螺栓与附墙支座连接，其装置与导轨之间的间隙应小于 5mm。

（7）防坠落装置必须符合以下规定：

1）防坠落装置应设置在竖向主框架处并附着在建筑结构上，每一升降设备处不得少于一个，在使用和升降工况下都能起作用；

2）必须是机械式的全自动装置，严禁使用每次升降都需重组的手动装置；

3）技术性能除应满足承载能力要求外，还应符合表 4.2-1 的规定：

防坠落装置技术性能

表 4.2-1

脚手架类别	制动时间（s）	制动距离（mm）
整体式升降脚手架	≤0.2	≤80
单片式升降脚手架	≤0.5	≤150

4）应具有防尘防污染的措施，并应灵敏可靠和运转自如；

5）防坠落装置与升降设备必须分别独立固定在建筑结构上；

6）钢吊杆式防坠落装置，钢吊杆规格应由计算确定，且不应小于 $\phi 25mm$。

（三）临时用电

（1）建筑施工现场临时用电工程专用的电源中性点直接接地 220V、380V 三相五线制低压电力系统，必须采用三级配电、二级保护和 TN-S 接零保护系统，做到"一机、一箱、一闸、一漏保"。

（2）临时用电施工组织设计及变更时必须履行"编制、审核、批准"程序，由电气工程技术人员组织编制，经相关部门审核及具有法人资格的技术负责人批准后，方可实施。变更临时用电施工组织设计时应补充有关图纸资料。

（3）临时用电工程经施工单位、监理单位共同验收，合格后方可投入使用。

（4）建筑电工必须经建设行政主管部门考核合格，并取得特种作业操作资格证书后，方可上岗作业。

（5）安装、巡视、维修或拆除临时用电设备和线路，必须由电工完成，并有监护。

（6）施工现场临时用电必须建立安全技术档案，并有主管现场的电气技术人员负责管理。

（7）临时用电工程应定期检查，对安全隐患必须及时处理，并应履行复查验收手续。

（四）施工机械与机具

（1）机械设备使用要求选用同时具有租赁及安装拆除作业资质的单位签订专业分包合同，合同签订前应将相关资质报送集团公司审核，分包单位必须是集团公司合格供方，取得建筑施工机械租赁行业确认书，注册资金不得少于 200 万元（人民币）。

（2）大型机械安装、拆除时项目经理必须到场监督指导。基层单位必须至少配备一名专职机械设备管理人员，专职机械设备管理人员不得由专职安全管理人员兼任。

（3）项目经理部租用的机械设备，必须按照集团公司制定的办法执行。不准购置和租用属于国家明令淘汰或者禁止使用的机械设备。

（4）大型机械设备安装单位应根据具体工程情况，制定出安装（包括顶升和附着）、拆卸专项施工方案以及生产安全施工应急救援预案。

（5）从事建筑起重机安装单位应取得建设行政主管部门颁发的起重设备安装工程专业承包企业资质和安全生产许可证，方可从事相应资质等级的安装和拆卸业务，并在其资质许可范围内承揽塔式起重机安装和拆除。

（6）起重机械操作及安装人员应当经建设行政主管部门考核合格，并取得建筑施工特种作业人员操作资格证书，方可从事相应作业。

（7）分包单位应当对在用的大型机械设备进行日常性和不定期的检查、维护和保养，并做好记录。

（8）大型机械设备安装完毕后应由安装单位进行自检，自检合格后，应经有资质的检验检测机构检测，出具检测合格报告，检测合格后施工总承包单位应组织租赁安装、使用、监理单位联合验收，合格后方可投入使用。自特检合格之日起一个月内应在建设行政主管部门进行使用登记备案，并保存相关资料。

（9）大型机械基础应设置排水设施，并设置集水坑。

1. 塔式起重机

设置要求：

（1）塔式起重机基础混凝土强度等级应满足产品设计要求且不低于 C35，设置部位应在坚实稳固地点设置，不得在基坑边缘、坑壁等部位悬空设置，若遇特殊情况必须进行特殊处理（打桩），塔机地基基础设计，可以所在工程的《岩土工程勘察报告》作为地质条件的依据，必要时应在设定的塔机基础位置补充勘探点。

（2）塔式起重机附墙附带厂家合格证，特殊情况制作的附墙须厂家确认验收合格后方可安装使用。

（3）塔式起重机必须做防雷接地，并设直径不小于 16mm 的避雷引下线，严禁用塔身代替避雷引下线。

（4）塔式起重机应设置防撞灯、风速仪、灭火器等设施，并应随设备同时投入使用。

（5）塔式起重机安装时严禁将不同厂家、不同型号的标节混装使用。

2. 施工升降机（外用电梯）

设置要求：

（1）在选用施工升降机时应优先选用具有变频功能的施工升降机。

（2）施工升降机基础设置应符合产品规定，因现场条件限制需要在达不到基础设计要求的部位设置基础的，如地库顶板上、基坑边，须采取可靠措施并进行设计受力计算，并经技术负责人、总监理工程师审批后后方可实施。特殊情况下须经专家论证后方可实施。

（3）施工升降机的防坠器必须经具有专业检验检测资质的机构进行定期检测，并应在检测标定年限内使用，且不应大于一年。

（4）施工升降机梯笼最大提升高度不得超过顶端附墙 60cm；轨道顶部必须安装无齿条防坠节。

（5）施工升降机必须由经过建设行政主管部门培训合格的专业持证人员进行操作。

（6）施工升降机防护架搭设应编制专项施工方案，并进行设计计算，超过 24m 的防护架应分段采取措施进行卸荷。

（7）施工升降机必须设置楼层呼叫系统，并应随设备同时投入使用。

（8）施工升降机在主体施工至八层时必须安装到位。

3. 施工机具

设置要求：

（1）施工机具进场应进行检查验收，验收合格后，方可投入使用。

（2）施工机具操作人员应经过专业培训、考核合格取得建设行政主管部门颁发的特种作业操作证，方可持证上岗。

（3）操作人员在作业过程应正确操作，注意施工机具工况，不得擅自离开工作岗位或将机械交给其他无证人员操作。

（4）操作人员应遵守施工机具操作规程和保养规定，经常保持机械完好状态。

（5）在工作中操作人员应按规定穿戴劳动保护用品。

（6）操作人员应按照机具使用说明书规定的使用条件正确操作，严禁超载作业或扩大使用范围。

（7）施工机具不得带病运转。

（8）混凝土布料机使用应遵循有关管理规定；存放、使用过程中必须有可靠的平台及揽风绳固定点。严禁操作人员在未固定揽风绳的情况攀爬布料机；移动过程中严禁将布料机放置在不稳定的钢筋网片及其他影响布料机稳定的部位，防止布料机倾覆伤人。

（9）手持电动工具必须使用有绝缘手柄的工具，电源线必须有保护零线，严禁使用两芯线缆。

三、质量管理标准化

为加强对建筑工程施工质量的管理，保证建筑工程施工现场质量保证措施的统一性、规范性，逐步实现质量管理流程的程序化、现场施工质量标准化。

质量管理标准化工作覆盖工程从开工到竣工验收的全过程，其核心内容是质量行为标准化和工程实体质量控制标准化。

在质量行为管理标准化方面，主要对现场项目部的质量管理体系、管理机构设置、技术管理、质量检查验收管理、资料收集管理等作出规定；在实体质量管理标准化方面，按照"质量标准样板化、方案交底可视化、操作过程精细化"的要求，对材料管理、样板引路、质量常见问题治理、不合格品控制等作出规定。

（一）质量管理体系与流程

施工企业依据现行《质量管理体系要求》GB/T 19001、《工程建设施工企业质量管理规范》GB/T 50430 和企业管理手册，建立完善的质量保证体系，强化质量管理，根据设计图纸的要求及《建筑工程施工质量验收统一标准》GB 50300—2013，对检验批、分项、分部、单位工程进行仔细划分，并且完善手段、着重过程控制、杜绝质量事故发生，按验收程序强化每个步骤的验收，以确保达到工程质量目标。

（二）质量管理制度

对于企业实行扁平化管理模式的，质量管理制度可分为施工企业和项目部两个层面，见表 4.2-2。

扁平化管理模式　　　　　　　　　　　　　　　　　　　表 4. 2-2

序号	内　　　容
（一）施工企业部分	
1	企业施工质量管理制度
2	建筑材料、构件和设备管理制度
3	分包管理制度（含物资、设备、劳务分包等）
4	施工质量检查与验收制度
5	质量管理检查与评价制度
6	质量管理培训制度
7	其他制度
（二）工程项目部分	
1	工程项目施工质量管理制度
2	培训上岗制度
3	技术、质量交底制度
4	质量标准宣贯及培训制度
5	质量控制三检制（自检、互检、专检）
6	质量检验制度（包括样板评审、实测实量、实体检验试验、达标验评等）
7	分项、分部、单位工程质量验收（住宅工程质量分户验收）制度
8	成品保护制度
9	工程资料管理制度
10	质量奖罚制度
11	工程质量等级评定、核定制度
12	质量事故的报告、调查和处理制度
13	其他制度

（三）质量策划与样板管理

本节着重从地基基础、主体结构、装饰装修、建筑屋面、机电设备安装等方面突出阐述建筑质量策划的亮点，体现策划先行，样板引领的质量管理思路。

1. 桩头处理

桩头处理平整，防水涂料涂刷到位，卷材收口严密。

2. 钢筋

（1）墙钢筋

钢筋间距允许偏差±10mm，保护层厚度允许偏差±3mm。

（2）柱钢筋

钢筋间距允许偏差±10mm，保护层厚度允许偏差±3mm。

（3）梁钢筋

受力主筋间距允许偏差±10mm，箍筋间距允许偏差±20mm，保护层厚度允许偏差±5mm；梁上部纵向受力钢筋保护层厚度的合格点率应达到90％及以上，且不得有超过以上数值1.5倍的尺寸偏差。

（4）板钢筋

钢筋间距允许偏差±10mm，保护层厚度允许偏差±3mm；板类构件上部纵向受力钢筋保护层厚度的合格点率应达到90％及以上，且不得有超过以上数值1.5倍的尺寸偏差。

3. 模板

（1）墙模板

截面尺寸允许偏差－2～＋4mm（宜为正误差），表面平整度允许偏差5mm，层高小于等于5m（大于5m）时，垂直度允许偏差6mm（8mm）；相邻两块板高低差不大于2mm。

（2）柱模板

（3）梁模板

截面尺寸允许偏差－2～＋4mm（宜为正误差），表面平整度允许偏差5mm，相邻两块板高低差不大于2mm。

（4）板模板

表面平整度允许偏差5mm，相邻两块板高低差不大于2mm。

4. 混凝土

（1）墙、柱

截面尺寸允许偏差－5～＋8mm，层高小于等于5m（大于5m）时，垂直度允许偏差8mm（10mm）；表面平整度允许偏差8mm。

（2）梁、板

截面尺寸允许偏差－5～＋8mm，表面平整度允许偏差8mm。

（3）楼梯踏步

截面尺寸允许偏差－5～＋8mm，表面平整度允许偏差8mm；相邻梯段踏步高度差及每个踏步两端高度均不应小于10mm。

5. 后浇带

6. 填充墙砌体

（1）填充墙

层高不大于3m（大于3m）时，垂直度允许偏差5mm（10mm），表面平整度允许偏差8mm，门窗洞口高、宽允许偏差±5mm，外墙上、下窗偏移允许偏差20mm。

（2）天沟、檐沟

（3）管道根部做法

（4）出屋面的烟道

（5）屋面泛水

7. 建筑屋面（非上人屋面）

（1）自保护卷材屋面。

（2）坡屋面。

8. 建筑楼梯

9. 地面

10. 管道根部处理

11. 散水

12. 外墙面砖饰面

表面平整度允许偏差 4mm，立面垂直度允许偏差 3mm。

13. 门窗

14. 机电安装

（1）预留洞口及预留套管；

（2）卫生间；

（3）管井；

（4）管道支架；

（5）地暖；

（6）电井；

（7）混凝土空心砌块墙电气箱盒及 PVC 配管安装；

（8）剪力墙暗配电气箱盒安装；

（9）器具综合排布。

四、环保管理标准化

（一）污染物管理

1. 扬尘控制

（1）建筑施工现场扬尘的污染源主要有土石方作业、施工现场颗粒材料运输、材料堆放、建筑垃圾清理和旧建筑物的拆除等。

（2）项目部根据现场实际情况编写《扬尘控制措施》。

1）施工场地裸露土应采取种植绿化或防尘网覆盖措施，防止扬尘。

2）现场垃圾、颗粒材料的运输车辆应采用封闭装置，或采取全封闭覆盖措施，防止物料运输时抛撒污染。

3）施工现场降尘

A. 施工现场安排专人负责道路清扫及洒水，根据天气情况确定洒水次数，减少施工区、办公生活区扬尘现象。

B. 基坑、道路、外架、作业面等施工现场应采用喷雾设备降尘。

（3）施工现场宜使用建筑工程污染实时管理监控系统，它具有颗粒物浓度仪、雨水传感器、温湿度仪、声贝计、风速风向仪、摄影头等设备，实时搜集、上传施工现场环境多项关键数据及影像资料。

2. 噪声控制

建筑施工噪声污染源主要由机械设备使用和人为活动产生。在城市市区范围内施工时，建筑施工噪声排放应符合现行《建筑施工场界环境噪声排放标准》GB 12523。

（1）设备噪声控制措施

在现场平面规划时，应将高噪声设备尽量远离施工现场办公区、生活区及周边住宅区等噪声敏感区域。合理规划作业时间，减少夜间施工，确保施工噪声排放符合规定。吊装作业时，应使用对讲机传达指令。

（2）选用低噪声设备

在施工中应选用低噪声设备，如低噪声振动棒、变频低噪施工电梯进行施工，并定期做好维护保养。

（3）混凝土输送泵

施工现场的混凝土输送泵外围应设置降噪棚。

（4）木工加工车间

木工加工车间应封闭，围护结构采取隔声降噪措施，并安装排风等除尘设施。

（5）降噪挡板

在临近学校、医院、住宅、机关和科研单位等噪声敏感区域施工时，工程外围挡应采用降噪挡板。

（6）隔声降噪布

在噪声敏感区域施工时，作业层应采取隔声降噪措施。推广使用隔声降噪布，该材料采用双层涤纶基布、吸声棉等，经特种加工处理热合而成，具有隔声、防尘、防潮和阻燃等特点。

3. 光污染控制

建筑施工中应避免光污染对作业人员及周边环境的影响，应对夜间照明、焊接等作业采用遮光罩等遮挡措施，有效降低光污染危害。

（1）焊接遮光措施

焊接作业应设置遮光罩，遮光罩应采用不燃材料制作。

（2）夜间照明灯控制

夜间施工照明时，应对照明光源加装聚光罩，使光线照射在施工部位，避免光源散射影响周边环境，并应设置定时开关控制装置。

4. 水污染控制

水污染是指因某种物质的介入，导致水体化学、物理、生物或者放射性等方面特性的改变，造成水质恶化，影响水的有效利用，危害人体健康或者破坏生态环境。

（1）现场污水排放检测

依据现行《污水综合排放标准》GB 8978，在污水排放口收集少许污水，取 pH 试纸浸入污水中，迅速取出与标准色板比较，即可读出所测污水的 pH 值。若酸碱度达标即可排放，否则须经进一步处理，符合要求后方可排放。

（2）污水沉淀处理

现场污水应采用三级沉淀方式处理，其原理是将集水池、沉砂池和清水池三个蓄水池之间用水管相互连通，污水经三级沉淀处理后进行回收再利用或者排放。池中沉淀物应及时清理，以保证沉淀池的使用功能。

现场沉淀池制作可采用砖砌式、钢板式、成品式三种方式。

5. 废气排放控制

施工现场的废气主要包括汽车尾气、机械设备废气、电焊烟气以及生活燃料燃烧排放废气等。

（1）禁止在施工现场燃烧木材、塑料等废弃物，禁止使用有烟煤作为现场燃料。

（2）进出场车辆及燃油机械设备的废气排放应符合要求，并应减少使用柴油机械设备。

6. 建筑垃圾控制

（1）按施工现场实际情况编写《建筑垃圾管理制度》、《建筑垃圾处理制度》、《建筑垃圾再生利用制度》。

（2）制度牌悬挂于建筑垃圾处理、再利用加工车间处。制作要求与其他制度相同。

（3）在施工现场建立封闭式垃圾站，封闭式运输，分类存放，按时处置。

（4）在办公、生活等区域设置分类式垃圾箱，方便生活垃圾分类回收，定时处理。

（5）在办公、生活区域设置废旧电池、墨盒收集箱。废旧电池、墨盒回收必须放置在密闭的容器内，防止可能产生的有毒有害物质扩散，并安排专人负责记录，委托有资质单位进行回收处理。

（6）建筑垃圾垂直运输：高层建筑应设置建筑垃圾垂直运输通道，并与混凝土结构有效固定。垃圾垂直运输时，每隔1～2层或≤10m高，应在垃圾通道内设置水平缓冲带。

（二）"四节"管理

1. 节材与材料资源利用

（1）现场办公和生活用房采用周转式活动房，现场围挡部分装配式可重复使用的围挡封闭，工程完成后进行回收再利用；对现场铺设的管线进行保护，以便能重复利用节约材料。

（2）架设工艺及模板支护等专项方案予以会审、优化，合理安排工期，加快周转材料周转使用频率，降低非实体材料的投入和消耗；合理确定商品混凝土掺合料及配合比，降低水泥消耗。

（3）施工过程中要求精确定料，合理下料，不浪费；施工中剩余的钢筋头、料头要合理利用。

（4）办公用品由办公室按计划采购，建立领用制度。节约纸张，内部资料尽量双面打印，单面废纸背面充分利用。

（5）根据施工进度、材料周转时间、库存情况等制定采购计划，并合理确定采购数量，避免采购过多，造成积压或浪费。

（6）施工现场建立可回收再利用物资清单，制定并实施可回收废料的回收管理办法。

（7）贴面类材料在施工前，进行总体排版策划，减少非整块材的数量。

（8）选用耐用、维护与拆卸方便的周转材料和机具，对周转材料进行保养维护，维护其质量状态，延长使用寿命。按照材料堆放要求进行材料装卸和临时保管，避免因现场存放条件不合理而导致浪费。

（9）外脚手架方案，考虑结构、外装修的综合利用，减少重复搭设。

（10）每次浇筑混凝土后泵内剩余混凝土不得随意丢弃，可进行预制沟盖板、混凝土砌块和场地硬化。砌筑产生的落地灰及时清理，在初凝前可进行重新搅拌配比后使用。切割的砌块下脚料可破碎后用与屋面找平层。

2. 节水与水资源利用

（1）实行用水计量管理，由综合办公室制定各施工阶段的用水定额，严格控制各施工段的用水量。

（2）施工现场机具、设备、车辆冲洗用水必须设置循环用水装置，在旁边设置二级沉淀池，经沉淀后用于现场洒水降尘。

（3）现场搅拌用水、养护用水应采取有效的节水措施，严禁无措施养护混凝土。

（4）施工现场供水管网应根据用水量布置，管径合理、管路简捷，采取有效措施减少管网及用水器具的漏损。

（5）施工现场办公区、生活区的生活用水采用节水系统和节水器具，提高节水器具配置比率。项目临时用水使用节水型产品，安装计量装置，采取针对性的节水措施。在水源处设置明显的节约用水标识。

（6）施工用水必须装设水表，并施工区与生活区分别计量。及时收集施工现场用水资料，建立用水、节水计量台账，并进行分析、对比，提高节水率。

3. 节能与能源利用

（1）根据《国务院办公厅关于严格执行公共建筑空调温度控制标准的通知》，项目部规定夏季室内空调温度设置不得低于 26℃，冬季室内空调温度不得高于 20℃。空调运行期间应关闭门窗，宿舍内严禁使用电热器之类不安全电器，浴室限时使用，所有生活区室内无人时必须关闭灯、电脑、空调等用电设施。

（2）工程临时设施由改善热工性能、提高空调采暖设备和照明设备效率的材料组建。

（3）优先使用国家、行业推荐的节能、高效、环保的施工设备及机具。经常对施工设备及机具进行定期的维修保养工作，以使机械设备保持低耗、高效的状态。

（4）室外照明优先采用碘钨灯、镝灯，办公、宿舍照明采用节能型细管荧光灯。在满足照明的前提下，办公室节能型照明器具功率密度值不得大于 8W/m²，宿舍不得大于 5W/m²，仓库照明不得大于 5W/m²。

（5）充分利用太阳能，现场设置太阳能淋浴，减少用电量。

（6）就近采购材料和选用混凝土搅拌站，减少运输距离远造成的能源浪费。

（7）对塔式起重机、混凝土地泵进行效率计算，选择功率与负载相匹配施工机械设备，避免大功率施工机械设备低负载长时间运行。

（8）施工现场分别设定生产、生活、办公和施工设备的用电控制指标，定期进行计量、核算、对比分析，并有预防与纠正措施。

（9）220V/380V 单相用电设备接入 220V/380V 三相系统时，合理安排机械设备，使得三相平衡。

4. 节地与土地资源保护

（1）施工回填时使用施工中挖出的废土，因施工造成裸土的地块，及时覆盖沙石或种植速生草种，防止由于地表径流或风化引起的场地内水土流失。

（2）施工现场物料堆放紧凑，减少土地占用。

第 3 节 施工现场标准化管理工程实施案例

1. 工程概况

西安深迈瑞医疗电子研究院大楼工程，位于西安市高新区锦业路与丈八四路交汇处。总建筑面积 93306m²，由塔楼、主楼、综合楼及地下车库组成，结构类型为框架—剪力墙结构，塔楼地上 26 层，建筑高度为 96.7m；主楼地上 12 层，建筑高度为 47.2m；综合楼地上 7 层，建筑高度为 22.9m。建筑物设计使用年限 50 年，抗震等级为一级，抗震设防烈度为 8 度，耐火等级为一级，人防等级为平战结合六级。梁板混凝土强度等级为 C40，主楼、塔楼桩基础，综合楼梁筏基础，车库筏板基础。

本工程填充墙采用小型混凝土空心砌块；室内为精装修，建筑外立面为无龙骨石材幕墙，屋面为地砖面层，用 XPS 板保温。安装系统有电气工程、给排水与采暖工程、通风与空调工程、智能自动化工程、电梯工程等，各项设施配套齐全。

迈瑞科技大厦为星级绿色建筑，应用了地源热泵供冷供热、太阳能独立光伏发电、智能消防等各项功能化配套设施，可有效降低建筑能耗，减少二氧化碳排放，确保实现绿色建造理念。

工程开工以来，未发生任何质量安全事故，未拖欠农民工工资现象，文明工地专用资金一次支付，专款专用。

本工程建设的各方责任主体及监督单位：

建设单位：西安深迈瑞医疗电子研究院有限公司

设计单位：西部建筑抗震勘察设计研究院

监理单位：西安普迈项目管理有限公司

勘察单位：西部建筑抗震设计研究院

施工单位：陕西建工第三建设集团有限公司

监督单位：西安市高新区工程质量安全监督站

2. 施工管理情况

（1）管理目标

竣工目标：主楼主体封顶时间 2015 年 9 月 30 日，面积 17846.15m²；综合楼主体封顶时间 2015 年 10 月 15 日，面积 11653.87m²。

文明工地目标：陕西省第十九次文明工地现场会（已完成），全国 AAA 级安全文明标准化工地，陕西省文明工地。

绿色施工目标：国家级绿色施工示范工程。

质量目标：中国建筑工程"鲁班奖"。

安全目标：杜绝伤亡事故、火灾事故、大型机械事故，安全合格率 100%。

（2）施工管理措施

1）项目部以公司为依托，与管理公司结合，建立健全组织机构，明确责任并建立文明工地领导小组。

2）项目部开工前，对全体施工人员进行文明工地创建活动的教育。

3）编写详尽可行的《文明工地创建计划》，高起点、高标准、严要求。

4）建立文明工地和安全生产管理的各项规章制度，将创建工作计划进行目标分解，并责任落实到人。

3. 工程难点及特点

（1）施工现场场地狭小：

本工程为多功能科研大楼，西侧与南侧紧贴高新住宅与办公楼，北侧紧靠陕建工程一部在建楼，只有东侧距离围墙 12m 的狭小施工场地，给办公区布置和文明施工、材料的存放、运输以及提高施工效率等带来较大的影响。

（2）工程量大、工期紧任务重

本工程建筑面积为 93306m²，合同工期 730 天，跨越两个春节，且雨雪天气及中高考影响不算，实际施工天数不到 650 天，需要完成主体施工、装饰装修、水暖电安装，工期非常紧，交叉作业多。

（3）结构设计复杂施工难度大

本工程基础阶段的施工重点难点为基础筏板属于大体积混凝土，地下室框架柱截面尺寸大于 1m，一次性浇筑混凝土量大，工程条件复杂；地下室集人防工程与车库为一体，柱梁结构尺寸较为复杂，对模板的支设加固以及混凝土的浇筑提出更高的施工要求。

我公司确定该工程质量目标为鲁班奖。根据该工程造型复杂，工程量大、工期紧等特点，为达到一次成优，在创建鲁班奖过程中，主要采取了以下管理措施：

1）锁定目标，统一认识，层层落实责任，不断强化管理。

2）将增加科技含量、推进技术进步、坚持技术创新作为创优的支撑点，为实现质量目标奠定基础。

3）重策划、抓细部，强化过程控制，追求过程精品。

4）重视工艺探索，追求工艺改进，开展 QC 小组活动，解决技术难题，克服质量通病。

5）坚持文明施工，重视环境保护，将环保节能工作落实到每个施工环节。

4. 新技术应用情况

本工程拟采用建筑业十项新技术 8 大项，32 小项，目前应用情况见表 4.3-1。

本工程使用的新技术　　　　　　　　　　　　　　　　表 4.3-1

项次	项目名称	项目内容	应用部位
1	地基基础和地下空间工程技术	复合土钉墙支护技术	应用于基坑周边
2	混凝土技术	高耐久性混凝土	采用 C40 以上应用于梁板柱部位
		高强高性能混凝土	采用 C60 混凝土，应用于筏板与柱结构
		混凝土裂缝控制技术	应用于基础及主体结构

续表

项次	项目名称	项目内容	应用部位
3	钢筋及预应力技术	高强钢筋应用技术	采用 HRB 400 级钢筋,应用于筏板、墙、柱、梁等
		大直径钢筋直螺纹连接技术	应用于大于 18mm 直径的钢筋上,应用部位为筏板、墙、柱、梁等
4	模板及脚手架技术	清水混凝土模板技术	应用胶合板模板和全钢大模板施工,应用于基础与主体结构
		盘销式钢管脚手架及支撑架技术	基础及主体结构搭设满堂架
		附着升降脚手架技术	有方案设计,使用安全可靠,应用于主楼和塔楼主体结构
5	机电安装工程技术	管线综合布置技术	应用于机电管线排布
		金属矩形风管薄钢板法兰连接技术	地下室车库通风处
		变风量空调系统技术	应用于塔楼与主楼主体结构
		大管道闭式循环冲洗技术	地下车库
		电缆穿刺线夹施工技术	采用电缆穿刺线夹连接器代替部分分线箱
6	绿色施工技术	施工过程水回收利用技术	将降水所抽水体及沉淀池净化废水集中存放,用于生活生产用水
		预拌砂浆技术	应用于砌体砌筑抹面
		粘贴式外墙外保温隔热系统施工技术	外墙使用外侧喷涂 50mm 厚硬泡聚氨酯,应用于外墙保温
		工业废渣及空心砌块应用技术	砌体结构采用工业废渣制作的空心砌块
		供热计量技术	应用分户计量
7	防水技术	地下工程预铺防水技术	采用高分子自粘胶膜防水卷材
		聚氨酯防水涂料施工技术	应用于有防水的铺地砖楼面
8	信息化应用技术	虚拟仿真施工技术	应用 BIM 技术
		高精度自动测量控制技术	应用智能全站仪自动测控,应用于放线定位
		施工现场远程监控管理工程远程验收技术	工程现场施工情况及人员进出场情况进行实时监控
		工程量自动计算技术	运用 BIM 技术和广联达图形算量,实现三维建模和计算
		建筑工程资源计划管理技术	应用工程项目管理信息化实施集成应用模块
		塔式起重机安全监控管理系统应用技术	应用塔式起重机安全监控管理系统,防碰撞模拟

5. 文明工地创建亮点

（1）施工现场管理与环境保护

1）围挡（图 4.3-1、图 4.3-2）

图 4.3-1 工地大门

图 4.3-2 工地围墙

施工现场按照集团公司标准化要求进行了布置，大门制作规范，门卫制度健全，工地围墙坚固美观。

建立严格的门卫制度，大门出入口设门卫室并张贴门卫管理制度，配专人进行 24 小时值班，对出入人员、车辆进行询问、检查登记。施工人员进入现场要佩带工作卡，以示证明。

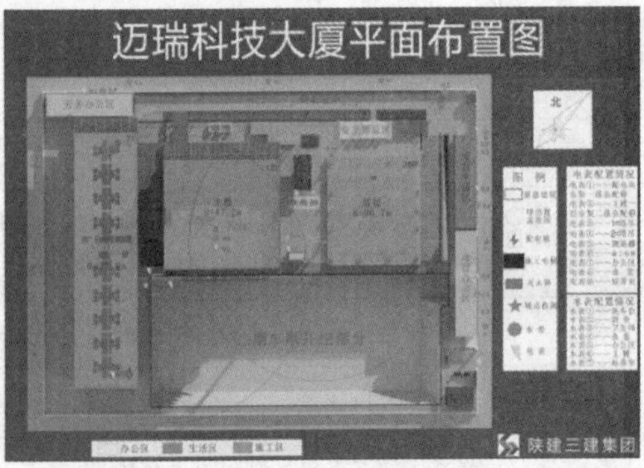

图 4.3-3 迈瑞科技大厦平面布置图

2）场容场貌

现场道路采用钢板进行硬化，表面平坦，排水系统畅通无积水。材料及设施料分类堆放整齐，平面布局严格按布置图进行，布局合理；施工做到工完场清（图 4.3-3）。

现场路面用钢板进行硬化，平整、坚实、排水畅通，满足运输、消防、安全要求。道路周边和其他场地进行绿化。不同作业区域间用栏杆防护隔离并张贴宣传漫画，堆料不占道，保证道路畅通（图 4.3-4、图 4.3-5）。

图 4.3-4 现场道路硬化

图 4.3-5 道路周边绿化

现场材料分类合理堆放整齐、标牌清晰。库房材料分类别摆放整齐，标识清晰。各作业点均做到工完场清，楼层模板拆除后清理干净，加工场地和材料堆放场地安排专人清扫，保持整个现场整洁卫生（图 4.3-6、图 4.3-7）。

图 4.3-6　钢筋分类堆放

图 4.3-7　库房材料分类整齐摆放

3）标牌标识与安全警示

大门口设"八牌二图"，位置醒目，齐全整洁。防护棚上设置文明标语，安全美观（图 4.3-8）。

现场入口醒目处设危险源公示牌、班前讲评台。施工现场入口设置安全通道和定型化防护棚。钢管、栏杆、踢脚板等防护设色标清晰、一致。

4）作业条件及环境保护

现场钢筋棚采用定型化工具搭设，坚固耐用，可周转使用。现场设分类回收垃圾箱，

图 4.3-8　八牌二图

建筑垃圾、生活垃圾专人管理，定点分类堆放并及时清运。现场定期测噪，确保符合市区内施工要求。休息处设置热水供应点，方便作业人员生活（图 4.3-9、图 4.3-10）。

图 4.3-9　定型化钢筋棚

图 4.3-10　饮用热水机

施工现场分别在塔式起重机、楼层、围墙、绿地、坡道及道路设置智能喷淋设备，通过对 PM10 的监测进行联动喷雾降尘。

　　5）防火、防爆、防毒

　　施工现场建立防火、防毒、防爆管理制度及措施，管理人员分工负责，责任落实到人。现场设易燃易爆品库房，在通道口醒目位置悬挂重大危险源公示牌以示提醒，消防器材配备齐全（图 4.3-11）。

　　（2）安全达标

　　1）安全管理

　　建立健全了安全生产管理体系及安全生产责任制。制定详细的施工安全措施和事故应急预案，并办理人身意外伤害保险和安全生产备案手续。配备专职安全管理人员 4 名，特种作业岗位人员均持证上岗。

图 4.3-11　重大危险源公示牌

图 4.3-12　透明漏电保护器

　　施工中由安全员认真落实安全施工措施、安全教育、安全检查、安全交底等制度，定期开展安全检查，排除安全隐患。

　　2）脚手架与操作平台

　　本工程主楼、综合楼采用悬挑式钢管脚手架，严格按方案进行搭设，检查验收资料齐全，架体搭设规范、美观。

　　3）施工用电

　　本工程施工用电采用 TN-S 配电系统规范可靠，配电室设计布局合理，总配电柜安装位置符合要求，分配电箱使用透明漏电保护器，标识明确；楼层设插座箱方便工人操作；楼层照明采用 36V 安全电压，敷设采用暗线配置；上楼及上塔吊电源线采用绝缘瓷瓶卸荷保护（图 4.3-12）。

　　4）定型化设施设备（图 4.3-13～图 4.3-20）

图 4.3-13　塔式起重机操作平台

图 4.3-14　电梯井操作平台

图 4.3-15　定型化压型钢板架板

图 4.3-16　定型化门式架板

图 4.3-17　定型化塔式起重机吊笼

图 4.3-18　定型化钢爬梯

图 4.3-19　定型化电焊机防护笼

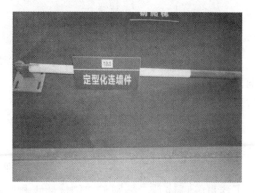

图 4.3-20　定型化连墙件

5）"三宝"与"四口"

　　施工现场统一配备安全帽，高处作业者均佩戴安全带。临边洞口防护到位，电梯井洞口采用定型化防护门（图 4.3-21、图 4.3-22）。

图 4.3-21　楼梯口定型化防护

图 4.3-22　电梯洞口防护

6）模板支撑

模板支撑采用插扣架，根据架体布置图进行布置，架体设上中下三道水平杆，保证架体搭设的强度和稳定性（图 4.3-23、图 4.3-24）。

图 4.3-23　模板支撑

图 4.3-24　实施方案

7）施工机械管理

塔式起重机、施工电梯使用登记备案手续齐全，操作人员持证上岗，定期检查保养，确保设备安全运转。中小型机械进场经过验收合格，安全防护装置齐全有效，无隐患。并定期维修、保养。

（3）工程质量创优

1）质量管理

项目部根据公司质量、环境、安全管理体系标准，制定了本项目的质量管理制度、建立了质量管理体系、编制了"创优质工程"计划。把质量管理全过程中每项具体任务和责任落实到本项目部各个部门、班组。在施工过程中，严格控制，科学管理，保证工程施工质量。

2）主体结构工程质量

地基与基础施工质量控制良好，未发现有害裂缝、倾斜和变形等质量问题，地基处理采用螺旋钻孔灌注桩，经检测结果符合设计及规范要求。

钢筋制作绑扎严格按照图纸要求、规范、标准、操作工艺进行控制，严格审查配料单，保证钢筋搭接、锚固等细部构造符合设计要求。大直径钢筋应用直螺纹套筒连接方式，减少能耗，提高连接质量和整体观感（图 4.3-25～图 4.3-28）。

图 4.3-25 铝合金柱模板样板

图 4.3-26 铝合金导墙模板样板

图 4.3-27 钢木龙骨模板体系样板

图 4.3-28 梁柱核心区施工工艺样板

现场混凝土施工严格按照清水混凝土的施工工艺要求，梁板混凝土接槎处密实，无错台和漏浆现象，墙、梁板混凝土出模棱角分明，表面平整光洁（图 4.3-29、图 4.3-30）。

图 4.3-29 混凝土观感效果

图 4.3-30 砌体墙实体效果

砌体工程施工质量符合规范标准，砖和砂浆的强度等级符合设计要求，组砌方法合理，灰缝平直，砂浆饱满，无通缝、瞎缝，垂直度、表面平整度、门窗洞口尺寸偏差均符合规范要求。砌体顶部斜砌砖采用三角混凝土块砌筑，减少了顶部裂缝。

施工中，项目部会同监理、甲方共同对结构实体进行实测实量，结果均满足设计及规范要求。地基与基础、主体结构验收前，项目部邀请实验室对结构实体进行检测，实体混凝土强度及钢筋保护层均符合设计和规范要求。

配电箱（盒）、电线预埋管原材料及安装质量合格；电线预埋管埋入深度符合要求，无露出建筑物或构筑物表面现象。水暖管道穿混凝土板、墙处预留孔洞符合规范要求，预埋套管的设置及水暖管道的安装符合设计要求（图 4.3-31～图 4.3-36）。

图 4.3-31 配电箱十字内支撑

图 4.3-32 配电箱做法

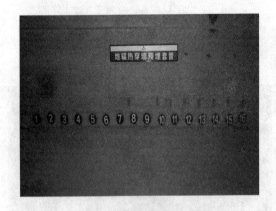

图 4.3-33 预埋套管

图 4.3-34 验收后标识上墙

本工程资料均做到与工程进度同步、齐全，严格按照《陕西省建筑工程技术资料整编评定统一规定》分类整编。

钢材、焊条、焊剂、水泥、砖、防水材料、构（配）件等原材料出厂合格证齐全有效。

材料准用证、检测试验仪器设备校验合格证、试验员和资料员上岗证齐全有效。主要原材料按批号、批量复试合格。材料复试时，我项目部试验员同甲方驻工地代表及监理共同见证取样、送样，并按要求填写见证取样委托单。分部分项工程验收记录按要求及时报

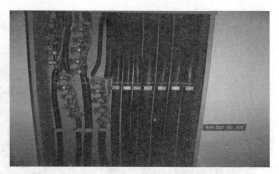

图 4.3-35　配电间样板

图 4.3-36　水暖间样板

甲方及监理签字盖章。

工程资料编目清晰，查找方便、完整、真实、有效（图 4.3-37）。

（4）办公生活设施

1）办公环境（图 4.3-38）

项目部办公区选址合理，布局有序，根据平面图规划设置了办公室、监控室、标养室、卫生间，使用功能齐全，环境干净整洁。办公区与施工区隔离，采用装配式活动房搭建，室内配备空调，保证办公环境舒适。

图 4.3-37　资料整编

2）淋浴室及卫生间

淋浴室及卫生间建筑满足现场施工要求，有卫生管理制度，安排专人清扫管理，卫生干净整洁，现场设有临时移动厕所，安排专人管理。

3）卫生与急救现场设置医务室，配备急救药品。

图 4.3-38 办公生活环境

4）生活环境

办公区设专人定期打扫卫生，环境卫生整洁，洗漱设施满足要求，办公垃圾及时清运。

（5）营造良好文明氛围

1）文明教育（图 4.3-39）

项目部制定职工文明公约，经常开展安全知识教育、形象教育、职业道德教育、法制教育等文明教育活动。

开展"文明行为从我做起"实践活动，对说脏话、赤身、穿拖鞋等不文明行为进行批评指正，对乱涂乱画，乱扔垃圾、随地大小便等行为进行教育和处罚。

2）综合治理

对入场人员进行登记，做到人数清、情况明（图 4.3-40）。

同主体劳务公司、安装及其他分包单位签订了治安、防火、环保协议，并督促各方认真遵守。开展消防环保等法制教育活动，提高职工的法制意识，增强全员守法的自觉性，本工程施工期间，无治安、火灾、扰民事件。

图 4.3-39 安全文明教育

图 4.3-40 门禁实名管理

3）宣传娱乐

① 会议室设投影仪，组织员工观看安全文明教育影片，丰富职工业余文化生活。

② 项目部设置宣传栏，内容及时更新，营造健康有益的宣传气氛。

③ 组织员工举办各种文艺及体育活动（唱歌、拔河、象棋等比赛）。

4）项目文化建设

建立职工业余学校，由项目经理担任校长，组织开展安全文明法制教育活动，邀请城乡建设委员会专家成员，对项目部管理人员和劳务作业人员进行了"施工现场安全"和"法律法规"培训。

6. 节能与环保

项目部以公司为依托与工程公司相结合，按照"四节一环保"的要求，建立健全绿色施工管理机构，成立绿色施工领导小组。
以《绿色施工方案》为依据，积极开展绿
色施工，做好节能与环保工作。

（1）节水与水资源利用措施

现场设置多处蓄水池及三级沉淀池，
收集废水。再用水泵抽取再次用来冲洗路
面、清洗车轮、浇砖等，做到了节水效果
（图 4.3-41）。

（2）节能措施

采用变频调速施工电梯，节约能耗。
照明灯具采用节能灯具（图 4.3-42、图 4.3-43）。

图 4.3-41　三级沉淀池

图 4.3-42　楼内采用 LED 照明系统

图 4.3-43　办公区全部采用节能灯

（3）材料节约与回收利用措施

运用 BIM 技术进行管线综合排布、现场三维布置等，获得最优方案节省材料成本。
采用多种定型化设施等，坚固耐用，美观大方，可周转使用，节约成本。使用新型木塑模
板、定性钢模板及铝合金柱模板等，可周转次数高，节约成本（图 4.3-44、图 4.3-45）。

图 4.3-44　定性钢模板

图 4.3-45　新型木塑模板

利用废旧板材制作围栏、后浇带防护、花台等，节约材料，美化环境（图 4.3-46）。

图 4.3-46　废旧材料的利用

（4）节地措施

使用集装箱式标养室、浴室、卫生间、茶水亭等，现场设置移动厕所，节约用地（图 4.3-47、图 4.3-48）。

图 4.3-47　集装箱式标养室　　　　　　　　图 4.3-48　移动厕所

图 4.3-49　喷淋设备

（5）环境保护措施

建立了本项目环境保护目标，制定了各项环境保护措施，严格执行以确保各项目标能够顺利实现。

施工现场分别在塔式起重机、楼层、围墙、绿地、坡道及道路设置智能喷淋设备，通过对 PM10 的监测进行联动喷雾降尘（图 4.3-49）。

图 4.3-50　搭设人行通道形成现场环形参观路线

图 4.3-51　移动式花坛

图 4.3-52　活动房之间的空地利用布置休息区

参 考 文 献

[1] 李里丁. 大型国有建筑企业改革与发展研究 [M]. 北京：中国建筑工业出版社，2013.

[2] 宋健. 从"供给侧"看建筑业结构性改革 [N]. 中国建设报，2016-02-05.

[3] 裴清宁. 国有施工企业项目经理职业化建设的难点和对策 [J]. 建筑，2012 (15)：38-39.

[4] 关于全面推进项目经理职业化建设的指导意见. 建协 [2008] 28 号.

[5] 黄昊. 工程施工现场质量管理标准化研究 [J]. 安徽建筑，2014 (05).

[6] 陈昊，张振海，马燚. 工程项目施工现场管理 [A]. 土木工程建造管理：2007 年辽宁省土木建筑学会建筑施工专业委员会论文集 [C]. 2007.

[7] 季群. 对工程施工现场质量标准化管理工作的探讨 [J]. 安徽建筑，2014 (05).

[8] 李优，丁磊，陈海川. 浅谈项目中的现场标准化管理 [J]. 科技与企业，2014 (13).

[9] 王守旭. 谈企业全面标准化管理问题 [J]. 工程建设标准化，1997 (03).

[10] 郑成洲. 加强建筑企业施工现场管理的措施 [J]. 住宅与房地产，2015 (28).

[11] 李平. 推行项目标准化管理 提升项目创效能力 [J]. 铁道工程企业管理，2015 (01).

[12] 牛萍. 浅谈基于 BIM5D 技术的施工现场管理 [J]. 内蒙古科技与经济，2016 (01).

[13] 吴长江. 分析土建施工现场管理优化策略 [J]. 现代国企研究，2015 (20).

[14] 李达. 探究如何优化建筑施工企业的现场管理 [J]. 科技展望，2016 (02).

[15] 3C 框架课题组. 全面风险管理理论与实务. 中国时代经济出版社，2008.

[16] 沈建明. 项目风险管理 [M]. 北京：机械工业出版社. 2004.

[17] 上海国家会计学院. 企业风险管理 [M]. 北京：经营管理出版社，2012.

[18] 胡杰武，万里霜. 企业风险管理 [M]. 北京：清华大学出版社，2009.

[19] 曾华. 工程项目风险管理 [M]. 北京：中国建筑工业出版社，2013.

[20] 《建筑施工手册》编委会. 建筑施工手册（第五版）[M]. 北京：中国建筑工业出版社，2012.